# 퇴근 후, 홈카페

오롯이 나를 마주하는 여유로운 시간

# 퇴근 후, 홈카페

## 오롯이 나를 마주하는 여유로운 시간

박은숙

CIME

처음 집에서 커피를 마셔보고 싶어 무작정 샀던 커피 도구는 칼리타 드리퍼였습니다. 그것만으로도 기분이 좋아서 SNS에 올렸던 기억이 아직도 선명합니다. 그 후로 10여 년이 지나 커피 애호가이자 커피마스터로서 과거 커피 왕초보였던 자신에게 말해주고 싶은 커피 이야기를, 이제 막 커피의 매력에 관심을 가지는 입문자들에게 조금이나마 도움이 되고자 되도록 쉽고 친근하게 담았습니다.

이미 커피와 관련한 수많은 책이 있는데 굳이 또 쓸 필요가 있을까 하는 질문을 스스로 끊임없이 던져보았습니다. 하지만 커피를 좋아하고, 시작하고자 하는 사람들에게 이왕이면 좋은 커피에 대한 이야기를 들려주고 싶습니다. 커피는 오랜 세월 사랑받아온 만큼 여전히 끊임없는 관심과 다양한 연구가 진행되고 있습니다. 아트 커피 연구회의 탑로스터로서 '좋은 생두, 좋은 로스팅, 좋은 추출' 커피의 3대 원칙을 바탕으로 더 좋은 커피에 대하여 다루고자 하였습니다. 맛있는 커피에서 좋은 커피까지, 커피가 얼마나 다양한 장점을 가졌는지 더 많은 사람들이 알게 되길 바랍니다.

이 책이 나오기까지 아트 커피 연구회의 커피를 소개할 수 있도록 허락해주시고 지도해 주신 이정화 원장님께 감사드립니다.

커피도 인간관계처럼 좋은 커피도 있지만 때로는 나쁜 커피와 만나게 될 때도 있습니다. 부디 이 책에서 소개한 커피가 여러분에게 좋은 커피가 되어 맛있고 다양한 커피를 알아가는 즐거움을 경험하게 되길 바랍니다. 좋은 친구처럼 오랫동안 함께하게 될 커피를 만나보세요.

커피 향 가득한 카페에서,
박은숙

CONTENTS

## Part1. 어바웃 커피,



## Part2. 낭만이 있는 홈카페,

## Part3. 풍성한 홈카페를 위한 레시피,

# Part1. 어바웃 커피,

알면 알수록 빠져들게 되는 커피의 매력을 소개합니다. 모든 커피는 '아라비카 커피'가 기준입니다. 커피의 대표적인 품종으로 아라비카와 로부스타가 있습니다. 아라비카 커피는 향기와 맛이 좋아 최고의 품질로 인정받고 있으며 로부스타 커피는 아라비카에 비해 향기가 약하고 쓴맛이 강하며 카페인 함량이 높고 주로 블렌딩 커피나 인스턴트 커피에 사용됩니다.

# 01 기분에 따라, 계절에 따라 시간에 따라 마시면 좋은 커피

커피는 아는 만큼 보이고 보이는 만큼 즐길 수 있습니다. 유난히 지치고 힘들 때 심신을 달래주는 커피를 찾고, 더운 여름날에는 갈증을 해소하고 청량감이 느껴지는 커피를 마십니다. 가슴설레며 떠난 여행지에서의 피로감은 한 잔의 에스프레소로 커피의 강렬함과 함께 날려버리곤 합니다.
커피에 대해 아는 것이 많아지면 상황에 따라 다양한 커피를 선택할 수 있습니다. 다양한 커피 향미를 경험함으로써 한잔의 커피에서 다채로운 향미를 찾아내는 새로운 즐거움도 맛볼 수 있습니다. 이처럼 커피 한잔을 알아가는 과정은 일상을 좀 더 특별하고 풍성하게 만들어 줍니다. 커피에 대해 알아가는 시간을 만들고 직접 만들어 보세요. 맛과 향, 삶의 활력이 높아집니다.

### 카페 로마노

더운 여름날, 축 처진 몸과 마음을
깨워줄 추천 커피

### 아인슈페너(비엔나커피)

비가 오는 날, 감성을 더해줄 추천 커피

### 핸드드립 디카페인 커피

저녁 시간 카페인에 잠 못 이룰까
걱정되는 밤 추천 커피

그 밖에 퇴근 후 지친 몸을 위로하고 싶다면 과테말라 안티구아, 가을 단풍의 정취에는 케냐AA, 즐거운 여행을 위한 피로 회복제로 에스프레소를 추천합니다.

# 02 맛있는 커피는 좋은 커피에서부터

종종 "맛있는 커피 추천해주세요", "지인이 여기가 커피 맛있다고 해서 찾아왔어요. 어떤 커피가 맛있어요?"라고 메뉴 추천 요청받으면 어떤 커피를 추천하면 좋을지 고민됩니다. 어떤 사람은 커피의 쌉쌀함을 좋아하고 어떤 사람은 새콤달콤한 맛을 좋아해서 사람마다 좋아하는 맛이 다르니 마시는 사람의 기호를 파악하는 것이 무엇보다 중요합니다. 맛있는 커피도 마시는 사람에 따라 맛없는 커피가 될 수도 있으니까요.

하나로 정의 내리기 힘들지만 다양한 맛있는 커피 메뉴를 만들기 위해서는 원료가 되는 품질 좋은 원두를 선택하는 것이 중요합니다.「커피대전」과「스페셜티 커피대전」책을 쓴 다구치 마모루의 '좋은 커피는 반드시 맛있는 커피라고 말할 수 없을지 모르지만, 나쁜 커피는 틀림없이 맛없는 커피라고 말할 수 있을 것이다'라는 말처럼 나쁜 커피에서는 좋은 향과 맛을 기대할 수 없을 뿐만 아니라 건강에도 해를 끼칠 수 있습니다.

적어도 맛있는 커피를 원한다면 좋은 커피란 무엇인지, 어떻게 구분하고 커피의 좋은 특성을 살리는 방법에 대해 아는 것부터 시작해야 합니다.

다구치 마모루는 「커피대전」에서 "좋은 커피란 결점두를 제거한 양질의 생두를 적정하게 로스팅하고 신선할 때 정확하게 추출한 커피"라고 정의하고 있습니다.

한잔의 커피가 만들어지기까지 크게 생두, 로스팅, 추출이라는 3단계의 과정을 거치게 됩니다. 1단계는 커피나무의 열매를 수확과 가공을 거쳐 생두를 얻는 과정, 2단계는 생두에 열을 가하는 커피 로스팅이라는 과정을 통해 원두를 얻는 과정, 3단계는 원두를 분쇄하여 물을 통해 비로소 우리가 마실 수 있는 맛과 향을 추출하는 과정입니다. 좋은 커피란 품질 좋은 생두를 훌륭한 기술력의 로스팅 과정을 거쳐 좋은 추출법을 이용해 만들어진 한 잔의 커피로 우리의 후각과 미각을 즐겁게 해 줄 뿐만 아니라 건강에도 좋은 영향을 끼치는 커피를 말합니다. 이 3단계의 과정이 모두 제대로 진행이 될 때 좋은 커피를 만들 수 있습니다. 품질 (좋은) 생두를 얻고, 최고의 맛과 향을 끌어내는 (좋은) 로스팅을 하며 향기롭고 달콤 쌉싸름한 (좋은) 추출을함으로써 비로소 누구나 좋아하는 훌륭한 커피라고 할 수 있습니다.

## 03 좋은 생두 선택하기

좋은 커피의 품질은 생두에서부터 시작됩니다. 커피나무의 씨앗이며 커피 열매인 과육을 벗겨내고 씨앗만 건조과정을 거친 것을 생두(green coffee)라고 합니다. 생두는 커피의 맛을 좌우하는 요소는 중 가장 큰 비중을 차지합니다. 보통 생두가 70%, 로스팅 20%, 추출 10%의 비중을 차지한다고 말합니다. 아무리 로스팅을 잘하고 추출 실력이 좋아도 생두에 없는 맛을 만들어 낼 수는 없으니까요. 즉 생두 자체에 가지고 있는 성분들을 어떻게 볶고 어떻게 추출하느냐에 따라 커피의 맛이 결정되기 때문에 무엇보다 생두의 품질이 중요합니다.

좋은 품질의 생두일수록 산지의 특성이 뚜렷하고 좋은 맛과 향을 풍부하게 담고 있습니다. 생두를 가공하는 과정에서 돌과 같은 이물질, 덜 익은 생두, 썩은 생두, 곰팡이 핀 생두 등의 나쁜 생두를 골라낸 후 품질에 따라 등급을 매깁니다. 생두의 품질에 대한 평가는 커피 생산국별로 다르게 적용합니다. 품질평가 기준은 원두 명에 표시되는 경우가 많아 알아두면 원두 구매 시 좋은 선택기준이 됩니다.

**결점두 수에 의한 분류(350g 중 결점두 수)**

검은콩, 벌레먹은콩, 곰팡이콩 등 생두에 결점이 있는 것을 결점두라 하며 결점두의 수에 따라 등급을 나누는 방법입니다.

- 주요 국가 : 브라질, 에티오피아, 인도네시아

**생산 고도에 의한 분류: SHB, SHG**

높은 고도에서 생산된 생두일수록 산미, 아로마, 당도 등 향미가 뛰어납니다. 서늘하고 밤낮의 기온 차가 높은 고지대의 환경이 생두에 긍정적인 영향을 미치기 때문입니다.

- 주요 국가 : 과테말라, 코스타리카, 엘살바도르, 온두라스, 멕시코

**생두의 크기(Screen size)에 의한 분류**

스크리너라는 다양한 크기의 체에 걸러 분류하는 방식으로 1 스크린은 1/64인치(0.4mm)입니다.

- 주요 국가 : 콜롬비아, 케냐, 탄자니아

**결점두 & 스크린 사이즈에 의한 분류**

결점두 수와 스크린 사이즈를 복합적으로 적용하여 분류하기도 합니다.

# 04 적절한 로스팅이란?

커피 로스팅은 요리하는 것과 같습니다. 불의 세기를 강하게, 약하게 적절하게 조절하면서 그 재료의 맛을 최대한으로 끌어내는 요리 과정처럼 커피 로스팅은 열을 이용해 생두가 가지고 있는 맛있는 맛들을 끌어내는 과정입니다. 이런 과정 중에 때로는 여러 가지 성분들이 형성되거나 소멸하기도 하는데 그중 사람에게 유해한 것들도 생기기 마련입니다. 좋은 로스팅은 이러한 유해한 성분들은 제거하고 좋은 맛과 향의 성분들을 최대한 끌어내고 보존하는 기술력이 필요한 과정입니다.

커피 로스팅이 진행될수록 열은 갈색에서 흑갈색으로 점차 변하는 메일라드 반응으로 인해 맛과 향도 신맛-단맛-쓴맛 위주로 맛이 변하는 캐러멜화가 진행됩니다. 단순히 캐러멜화만 진행되는 것이 아니라 지금까지 밝혀진 800여 종의 수많은 향미 변화가 일어났다 사라지기도 합니다. 이들 중 흔히 느낄 수 있는 좋은 것과 나쁜 것으로 대표되는 맛과 향을 확인해보세요.

**좋은 맛과 향**

-풀 향기의 산뜻함,
-감귤계(레몬, 오렌지)의 상큼&달콤
-꽃향기의 화사함과 감미로움,
-허브 계의 독특한 향미,
-견과류의 고소함,
-열대 과일류의 달콤함,
-꿀의 달콤함,
-캐러멜의 깊은 단맛
-기분 좋은 쌉쌀함

**나쁜 맛과 향**

-풋내, 볏짚 같은 향,
-시큼한 맛
-누른 내
-곰팡내
-흙먼지
-요오드 같은(약품)
-고무 같은
-불쾌한 탄내
-그슬린 내, 기름내

커피 생두에 열을 가하면 점차 녹색의 생두에서 갈색의 색 변화를 띄면서 원두가 되는데 그 과정에서 커피의 컬러와 부피뿐 아니라 맛과 향 또한 변화를 일으킵니다. 이때 나타나는 일관된 향미 변화의 특징은 신맛 → 단맛 → 쓴맛으로 점차 변화하는 것입니다. 또한 향기는 상큼한 향->달콤한 향->탄 향으로 점차 변합니다.

이 향미 변화의 단계를 볶음도 또는 '로스팅 그레이드'라 합니다. 로스팅 그레이드는 크게 라이트 로스트, 미디엄 로스트, 다크 로스트라 부르기도 하고 약배전, 중배전, 강배전이라 부르기도 합니다. 이를 8단계로 세분화하여 부르기도 합니다. 가끔 원두를 구매할 때 하이 로스트, 시티로스트, 풀시티로스트라고 표기한 것을 볼 수 있는데 8단계 로스팅 그레이드 중 해당하는 정보를 표기한 것입니다.

같은 산지의 생두라도 볶는 시간에 따라 맛과 향이 달라지기 때문에 내가 원하는 맛이 어떤 로스팅 그레이드에 속하는지 확인 후 원두를 구매하는 것이 좋습니다.

라이트로스트 → 시나몬로스트 → 미디엄로스트 → 하이로스트 → 시티로스트 → 풀시티로스트 → 프렌치로스트 → 이탈리안로스트

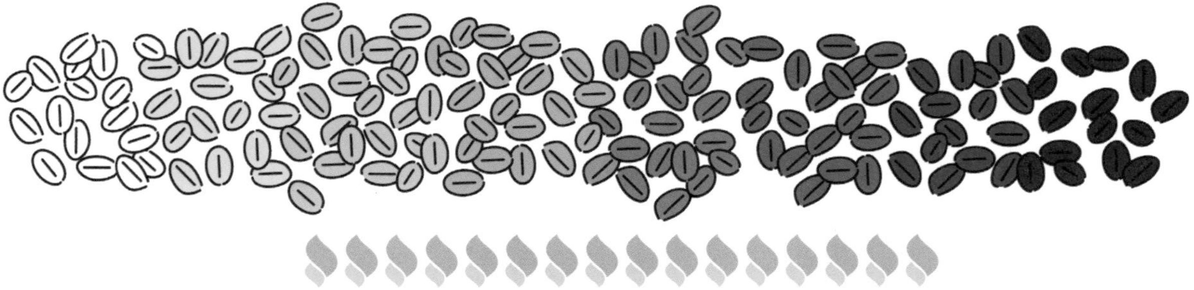

신맛 → 단맛(중후한 맛) → 쓴맛

**좋은 맛과 향** 산뜻 땅콩, 아몬드의 고소함 캐러멜의 단맛 보리, 맥아의 구수함 다크초콜릿 탄 맛
꽃향기 같은 화사함 허니 과일의 달콤함 밀크초콜릿 소나무 향 정향 연기

**나쁜 맛과 향** 누른내 풋내 가죽 내 무미한 향이 없는 불쾌한 탄내 그슬린 내
시큼함 곰팡내 흙먼지 요오드 같은 약품 고무 같은 거친 맛

상큼한 향과 새콤한 맛을 원한다면 라이트 로스트 원두, 달콤한 향과 맛, 중후함을 느끼고 싶다면 미디엄 로스트 원두, 기분 좋은 스모키한(탄 향) 향과 쌉쌀함이 있는 커피의 강렬함을 맛보고 싶다면 다크 로스트 원두를 추천합니다.

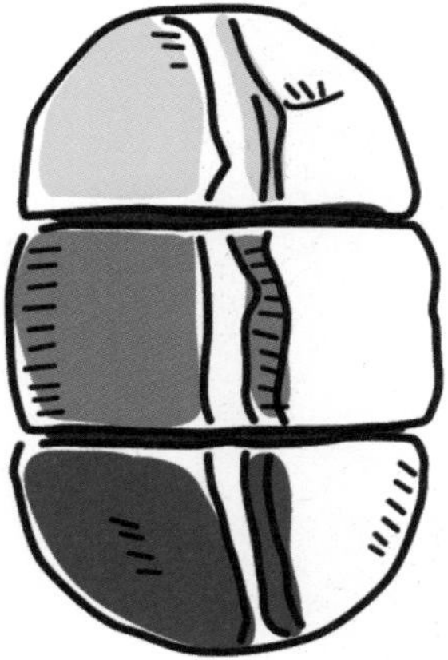

**LIGHT ROAST**

산뜻, 화사함, 고소함, 올리고당의 단맛, 신맛이 돋보임

**MEDIUM ROAST**

구운 땅콩의 고소함, 캐러멜의 달콤한 단맛, 빵 굽는 향(베이크드)

**DARK ROAST**

구수함, 스모키향, 쌉쌀함, 초콜릿의 달콤쌉싸름함

# 05 도구에 맞게 추출하기

좋은 추출은 도구의 특성에 맞는 추출 방법과 능숙한 추출자의 기술력으로 원두가 가진 좋은 맛과 향을 뽑아내는 것을 말합니다. 카페에서 베테랑 바리스타와 초보 바리스타의 커피 맛이 다른 경우, 특히 핸드드립 커피는 내리는 사람의 실력에 따라 맛이 극명하게 달라지기도 합니다. 이는 커피를 어떻게 내리면 좋은 맛과 향을 낼 수 있는지 많은 경험으로 원리를 이해했기 때문입니다.

커피 추출은 한잔의 커피를 만들기 위한 최종 단계로 분쇄된 커피 입자가 물과 만나 수많은 성분을 녹여내는 과정입니다. 이 때 다양한 향기 성분과 함께 커피의 3대 맛인 신맛, 단맛, 쓴맛이 추출됩니다. 좋은 성분(향기, 상큼한 맛, 달콤한 맛)들이 먼저 물에 녹아 나오고, 좋지 않은 성분(떫은 맛, 쓴 맛)들은 오랜 시간 천천히 녹아 나옵니다. 이렇게 추출된 향미 성분들은 향기(aroma), 맛(taste), 중후함(body), 그리고 커피 용액의 색깔(color) 등 커피의 관능적특성(官能的特性)을 나타내게 됩니다

## 커피와 물의 접촉시간

커피 원두를 구성하는 많은 성분은 물에 접촉하는 순간 녹아 나오기 시작하여 성분마다 용해되는(녹아 나오는) 속도가 다릅니다. 단시간 접촉으로도 쉽게 용해되는 것은 신맛 성분들이며 오래 접촉할수록 쓴맛성분들이 용해됩니다. 산뜻하고 달콤하면서 쌉쌀함이 조화를 이루는 커피를 원한다면 쓴맛이 과다 추출되어 맛의 밸런스를 깨트리기 전에 추출을 멈추는 것이 중요합니다. 커피의 추출 시간은 추출기구와 방법에 따라 다르며 에스프레소의 경우 25초~30초, 핸드드립의 경우 3분 이내가 좋습니다.

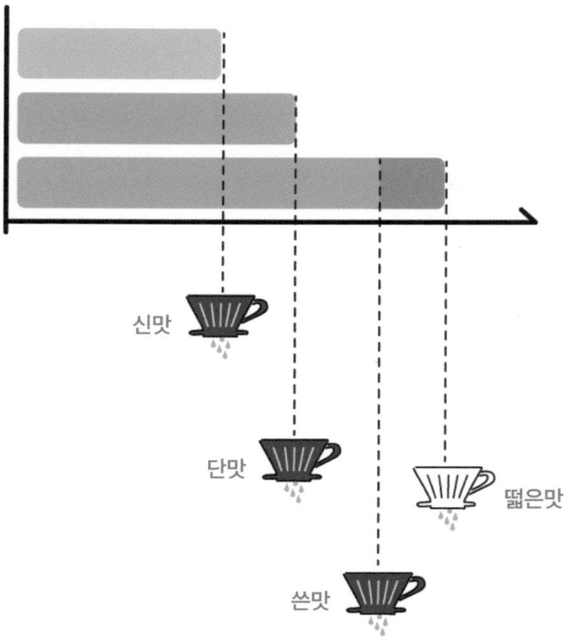


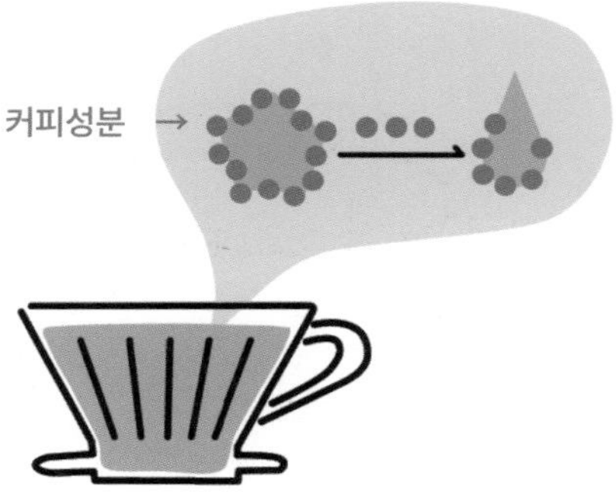

따라서 좋은 추출이란 커피 원두가 가지고 있는 여러 가지 성분 중에 우리가 느끼는 긍정적인 맛과 향 그리고 영양학적으로 우리 몸에 좋은 영향을 끼치는 화학물질들을 녹여내는 것이라 할 수 있습니다. 이런 좋은 커피의 측면에서 커피의 맛있음은 충분히 추구할 만한 가치가 있으며 많은 바리스타가 노력하는 부분이기도 합니다.

**추출된 커피 성분의 양(수율)**

추출 커피의 품질을 결정하는 가장 중요한 요소는 '커피와 물의 비'입니다. 커피 한 잔에 녹아있는 향미 성분의 농도가 1.15~1.35%일 때 가장 좋으며 이때 좋은 성분과 향미가 추출됩니다. 커피 원두에서 추출한 성분 비를 수율이라 하는데 수율이 20%일 때 좋은 향미 평가를 받습니다.

예를 들어 원두 10g에서 물을 부어 추출한 커피 액 중 수분을 뺀 성분의 양이 2g일 때 좋은 향미 평가를 받지만 추출한 커피의 성분이 2g보다 적은 양(과소 추출)일 때는 향미가 조화되지 않으며 2g보다 많은 양(과다 추출)일 때는 쓰고 떫은 커피 맛을 형성합니다. 커피를 추출할 때는 얼마나 좋은 성분을 적절하게 녹여내느냐가 중요합니다.

**추출 온도**

추출 시 물의 온도는 추출 커피의 품질에 큰 영향을 줍니다. 커피 원두에는 물에 잘 녹는 성분이 있는가 하면 그렇지 못한 성분도 있는데 온도가 높을수록 커피 성분을 녹여내기 쉬우며 그 적정온도는 로스팅된 정도에 따라 차이가 있습니다.
그렇다면 커피의 향미가 조화를 이루는 온도는 몇 도일까요? 로스팅 정도에 따라 달라지지만, 일반적으로 92~96℃일 때 향미 성분을 빠르게 추출하면서 향미의 균형도 가장 좋습니다.

향이 약하고
맛은 밋밋하며
전체적인
맛의 불균형

쓴맛이 강하고
떫은맛에 의한
불쾌감

### 분쇄도(굵기)

커피 성분들이 쉽게 용해되도록 원두를 분쇄하는 것은 꼭 필요한 과정입니다. 원두 분쇄 굵기가 가늘수록 물과의 접촉 면적이 빠르고 넓게 이루어져 많은 커피 성분들을 손쉽게 녹일 수 있습니다. 반면 분쇄 굵기가 클수록 용해할 커피 성분들이 원두 내부에 많이 분포되어 있어 커피 성분을 원두와 분리하기까지 추출 시간이 길어지며 일부 물에 잘 녹지 않는 유지분은 추출되기 어렵고 일부는 다시 원두 표면에 재흡착하기도 합니다.

이러한 원리로 분쇄도에 따라 같은 원두라도 커피의 향미(맛과 향)에 차이가 있습니다. 추출 도구를 선택했다면 적절한 추출법과 기구에 적합한 분쇄도를 적용해야 합니다. 일반적으로 핸드드립과 같이 추출 시간이 길 때는 굵은 분쇄도로, 에스프레소와 같이 추출 시간이 짧을 때는 가는 분쇄도로 설정하는 것이 좋습니다.

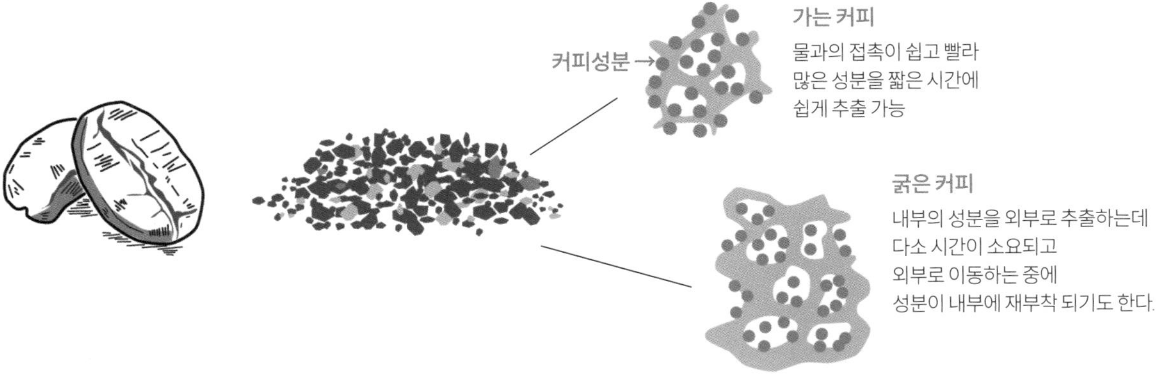

## 추출방식

같은 커피를 추출하더라도 추출 기구에 따라 커피의 향미는 많이 달라집니다. 커피를 추출하는 방법은 크게 침지법, 여과법, 가압 추출법으로 나눌 수 있고 이는 커피와 물의 접촉 방식이라 할 수 있습니다.

즉 커피 원두에 물을 접속하는 방식에 따라 접촉시간, 접촉되는 힘(물의 유속)에 의해 추출 성분이 달라져 좋은 추출을 위해서는 추출 방법이 다른 추출기구의 조작법과 원리를 익히는 것이 중요합니다.

### 침지법

물에 분쇄한 원두커피를 넣고 우려내는 방식

- 터키식, 프렌치프레스, 퍼콜레이터

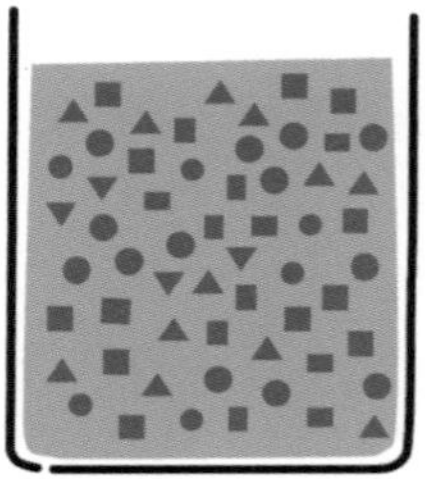

### 여과법

여과용 필터에 분쇄한 원두커피를 넣고 물을 부어 추출하는 방식

- 페이퍼드립, 융 드립, 더치커피, 핀 드립

### 가압 추출법

분쇄한 커피에 뜨거운 물과 압력을 가하여 추출하는 방식

- 에스프레소, 모카포트

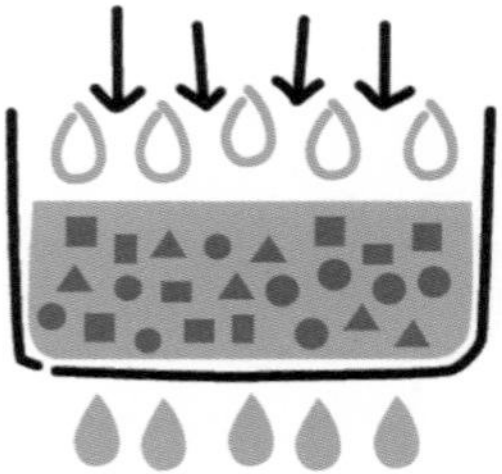

# 06 산지별 커피 향미 알아보기

커피의 기원은 아프리카 에티오피아에서 시작되었지만 17세기 식민지화를 통해 중남미, 아시아와 같은 토양과 기후가 다른 대륙으로 전파되면서 커피의 맛과 향에 조금씩 차이를 보입니다. 커피는 다른 어떤 단일 식품보다 많은 무려 1,000가지 이상의 성분을 가지고 있습니다. 이러한 성분들은 토양이나 기후, 품종에 따라 성분 비율의 차이로 각각 맛과 향이 다른 특징을 가지게 됩니다.

### 중남미

- 브라질 산토스 - 견과류의 고소함과 부드러운 풍미, 기분 좋은 쓴맛.
- 과테말라 안티구아 - 스모키한 향을 지닌 고소함과 신맛, 감칠맛이 돋보이는 커피
- 엘살바도르 - 밝고 온화한 산미, 깊은 고소함, 부드러운 바디
- 콜롬비아 수프리모 - 균형 잡힌 커피의 3대 맛을 즐길 수 있는, 밸런스가 좋은 커피
- 도미니카 - 부드럽고 깔끔한 커피. 감칠맛과 적당한 바디로 편안하게 즐길 수 있는 커피

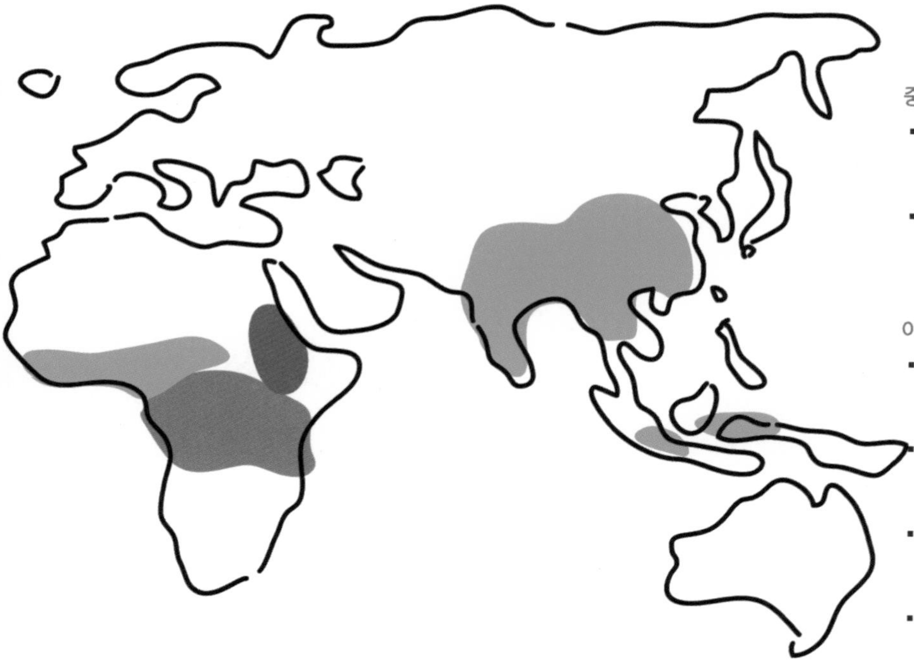

### 중앙아시아

- 인도네시아 만델링 - 초콜릿의 쌉쌀함 뒤의 단맛, 묵직하고 풍부한 여운, 스파이시함
- 예멘 모카 - 와이니(winy)함과 초콜릿 뉘앙스의 감미로움, 적당한 바디감

### 아프리카

- 에티오피아 이르가체페 - 상쾌하면서 달콤한 신맛, 짙은 꽃향기, 부드러운 바디
- 에티오피아 시다모 - 화사함과 고소함, 깔끔함과 중간 정도의 무게감 있는 바디
- 케냐 - 강렬한 향과 과일의 달콤함, 풍성한 바디, 포도 향의 풍미가 감도는 산미
- 탄자니아 킬리만자로 - 강한 향과 상쾌함, 혀에 남는 질감이 무겁고 풍부함

# 07 나의 커피 취향 찾기

카페에서 막상 무엇을 주문해야 할지 막막했던 경험이나 생소한 이름과 다양한 종류로 쓰인 메뉴판 앞에서 한참 동안 고민에 빠졌던 경험이 있다면 나만의 커피 취향을 먼저 파악하는 것이 좋습니다. 산지별 커피를 한 번씩 맛보는 것도 좋지만 이왕이면 내 취향에 맞는 커피부터 시작해서 다양한 향미의 커피로 폭을 넓혀가는 것도 커피를 즐기는 좋은 방법입니다.

일반적으로 커피의 고소함, 달콤함이나 쓴맛은 산지의 특성보다 로스팅 그레이드의 영향을 더 많이 받습니다. 라이트 로스트로 볶은 에티오피아 이르가체페는 화사한 꽃향기와 산뜻한 신맛이 강하지만 미디엄 로스트로 볶을 경우 옅은 꽃향기와 구수하고 쌉싸래한 맛이 더 강하게 느껴집니다. 또한 라이트로 볶은 브라질 산토스에서 호두나 땅콩과 같은 견과류의 고소한 맛 뒤에 단맛이 은은하고 부드럽게 다가온다면, 다크하게 볶은 브라질 산토스는 볶은 보리나 맥아와 같은 구수한 맛을 동반한 쌉쌀함이 주를 이루는 강한 풍미의 커피가 됩니다.

**신맛**

- 화사한 꽃향 → 에티오피아 이르가체페
- 고소함과 알싸함 → 과테말라 안티구아

**고소한 맛**

- 견과류 풍미 → 브라질 산토스(라이트 로스트)
- 산뜻함과 부드러움 → 엘살바도르
- 해초류의 개운함과 부드러움 → 도미니카
- 채소류, 풀잎 같은 신선함 → 파푸아뉴기니
- 조금은 가벼운 듯한 깨끗함 → 코스타리카
- 고소함과 구수함의 중간 느낌의 편안함, 만족감 → 온두라스

### 단쓴맛(달콤 쌉쌀)

- 숲속의 편안한 향 → 콜롬비아 수프리모(미디엄 로스트)
- 버터리한 질감 뒤 깔끔한 뒷맛 → 탄자니아 킬리만자로
- 풍부한 풍미 뒤 산뜻함과 새콤함이 주는 개운함 → 케냐AA

### 쓴맛

- 다크 초콜릿 풍미 → 브라질 산토스(다크 로스트)
- 스파이시한 향신료의 거친 풍미 → 인도네시아 만델링 (미디엄~다크로스트)

### 화사함

- 풍부함 → 에티오피아 하라
- 오렌지와 같은 감귤계의 산뜻함과 깊은 고소함 → 에티오피아 시다모

### 구수한 맛

- 맥아, 보리의 구수함 → 브라질 산토스(미디엄~다크 로스트)
- 고소함과 구수함의 중간 느낌 → 부룬디(미디엄 로스트)

# 08 원두 이름 쉽게 이해하기

원두의 이름은 보통 생산국-생산 지역- 생두의 등급- 가공 방법의 순으로 표기합니다.

생산국 — 지역 — 생두 등급 — 가공법

예를 들어 원두 봉투에 '에티오피아 시다모 G2 내추럴'이라고 표시된 것은 생산국인 에티오피아의 시다모 지역에서 생산되었고 등급이 G2이며 가공법은 자연건조 방식으로 생산된 커피라는 의미입니다. 생산국과 지방 등급은 일반적인 원두명 표기법이지만 '케냐AA'와 같이 생산국에 등급이 뒤따라 붙는 경우도 있습니다. 이는 국가 차원에서 커피를 생산, 관리하기 때문에 생긴 경우로 여러 지역의 생두를 한곳에 모은 다음 등급을 분류하여 품질관리를 하기 때문입니다. 요즘은 직접 커피를 로스팅하는 카페들이 많습니다. 단순히 산지별로 로스팅하는 것뿐만 아니라 여러 원두를 섞어 블렌딩하는 로스팅도 늘어나고 있습니다. 새로운 맛의 블렌딩 원두는 그 카페만의 맛과 향을 대표하는데 이를 '하우스 블렌딩(House Blending)'이라고 합니다. 하우스 블렌딩 원두에는 카페 이름을 붙이거나 커피 향미의 특징을 연상케 하는 특별한 이름을 붙이기도 합니다.

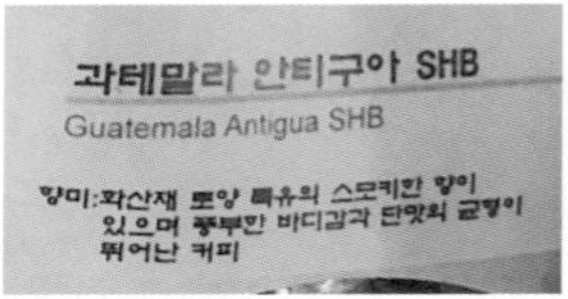


- 생산국 : 과테말라(Guatemala)
- 생산지역 : 안티구아(Antigua)
- 등급 : SHB

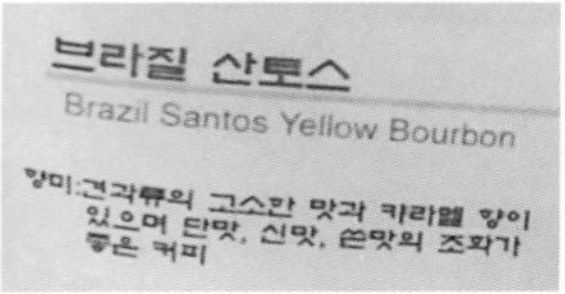


- 생산국 : 브라질(Brazil)
- 수출항구 : 산토스(Santos)
- 품종 : 옐로우 버본 (Yellow Bourbon)

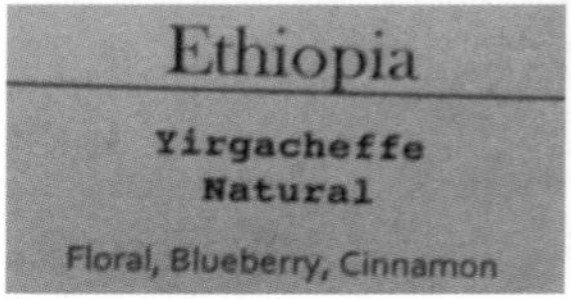


- 생산국 : 에티오피아(Ethiopia)
- 생산지역 : 이르가체페 (Yirgacheffe)
- 건조법 : 건식법(Natural)

- 생산국 : 엘살바도르(El Salvador)
- 농장 명 : 핀카 엘 아우솔 (Finca El ausol)
- 품종 : 파카마라(Pacamara)
- 가공법 : 수세식(Washed)

# 09 스페셜티 커피

최근 각광 받고 있고 이제는 익숙해지기도 한 스페셜티 커피란 미국 스페셜티 커피협회(SCAA)의 평가에서 80점 이상의 점수를 받은 커피를 말하며 컵핑(cupping) 이라는 일련의 향미 평가 과정을 통해 이루어집니다. 기존의 품질기준은 생산자의 입장에서 정한 기준이라면 스페셜티 커피의 품질평가 기준은 커피를 즐기는 최종 소비자에게 좀 더 친절한 평가 기준이라고 할 수 있습니다. 스페셜티 커피의 컵핑은 향미가 얼마나 좋은지, 어떠한 특징을 가졌는지에 중점을 두고 채점하게 됩니다.

## 컵핑(cupping)

컵핑은 분쇄한 원두에 물을 부은 상태에서 맛과 향을 평가하는 과정입니다. 컵핑 과정은 크게 향에 대한 평가와 맛에 대한 평가로 나뉩니다. 향에 대한 평가는 갓 분쇄했을 때, 물을 부었을 때, 커피를 맛보았을 때로 나누어 각각 평가합0니다. 맛에 대한 평가는 용해된 커피를 맛보고 신맛, 단맛의 정도, 전체적인 맛의 조화, 커피의 여운, 그리고 해당 커피의 특성이나 개성이 있는지 등을 평가합니다. 이러한 평가는 커피를 구매하고자 하는 이들에게 선택의 좋은 지침이 될 것입니다.

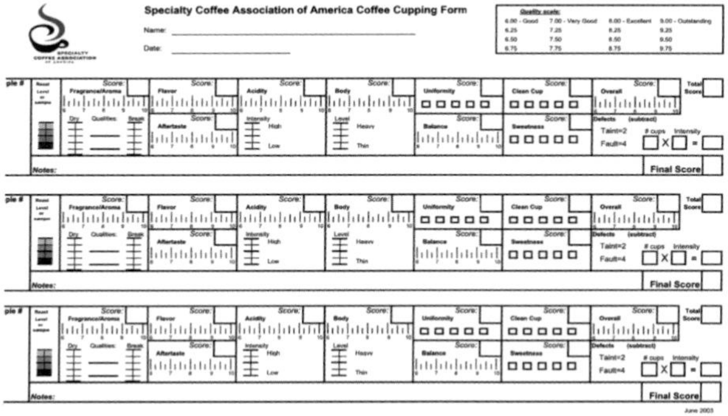
Specialty Coffee Association of America Coffee Cupping Form

Name:

Date:

## 스페셜티 평가 항목

① Fragrance/Aroma : 분쇄한 원두의 향 Fragrance, 물을 부었을 때 피어오르는 향 Aroma에 대한 평가

② Flavor : 물에 용해된 커피를 머금었을 때의 향에 대한 평가

③ Aftertaste : 커피를 삼킨 후에 지속되는 향의 여부, 또는 여운이 있는지에 대한 평가

④ Acidity : 신맛에 대한 평가

⑤ Body : 입안에 느껴지는 커피의 감촉 또는 질감에 대한 평가

⑥ Sweetness: 단맛에 대한 평가

⑦ Balance : 향과 신맛, 바디 등 전체적인 향미의 조화로움에 대한 평가

⑧ Clean Cup : 커피를 머금은 후 느껴지는 투명성이나 깔끔함에 대한 평가

⑨ Overall : 종합적인 인상에 대한 평가, 해당 커피의 특별한 특성에 대한 개인적인 견해 추가

⑩ Uniformity: 똑같은 커피 5개 컵에 대한 향미 오차의 여부

⑪ Defect : 커피의 품질을 떨어뜨리는 부정적이거나 좋지 않은 풍미 체크

# 10 세계 4대 명품 커피

### 자메이카 블루마운틴

카리브해의 작은 섬나라 자메이카는 지리적 자연환경 덕택에 블루마운틴이라는 세계 명품 커피를 탄생시켰습니다. 커피의 황제라 불릴 정도로 명성이 자자한 만큼 아류작이라 할 수 있는 블루마운틴 블렌드(블루마운틴 커피를 5% 이내 섞은 커피)가 저렴하게 판매되고 있어 자세히 살피지 않으면 실제 블루마운틴 커피로 오해할 수 있습니다. 제대로 된 자메이카 블루마운틴 커피의 풍미를 경험하고 싶다면 최고등급인 '자메이카 블루마운틴 No1' 커피를 추천합니다.

- 향미 특징 : 부드러우면서도 달콤하고 독특한 나무향 풍미의 만족감과 깔끔한 뒷맛(aftertaste)

### 하와이 코나

하와이섬의 코나 지방에서 재배되는 코나 커피는 해양성 기후의 영향과 화산재로 이루어진 비옥한 땅 덕분에 자메이카 블루마운틴 못지않은 명품 커피로 인정받고 있습니다. 미국의 비싼 인건비의 영향으로 생두가 비싼 편이지만 품질과 향미가 좋아 오랫동안 커피 애호가들의 사랑을 받고 있습니다.

- 향미특징 : 생생한 산미와 탄탄한 바디. 달콤하고 풍성한 풍미와 와이니 한 맛

### 예멘 모카

자메이카 블루마운틴 커피가 1700년대, 하와이 코나가 1800년대에 유입된 반면 예멘 모카는 15세기 중반에 경작이 시작된 만큼 품종 개량이 없고 재래종이 많은 편입니다. 그래서 오랜 전통을 자랑하는 커피이지만 최근 그 명성이 점차 줄어든 상황입니다. 예멘 모카는 예멘의 모카항에서 수출되는 커피를 일컫다가 점차 하나의 브랜드로 자리매김하게 되었습니다. 대표적으로 마타리(Mattari), 사나니(sanani) 지역의 커피가 있으며 원두 구매시 모카 마타리를 좀 더 쉽게 접할 수 있습니다.

- 향미특징 : 산미가 좋고 과일 향이 나는 풍미와 깊은 바디감의 훌륭한 밸런스. 농후한 레드와인과 같은 풍미

### 게이샤

에티오피아 게이샤 지역의 야생종으로 첫 발견지의 지명을 따서 게이샤 품종이 되었습니다. 발견 당시에는 주목받지 못하다가 향미를 중요시하는 시기와 맞물려 2004년 커피 옥션 '베스트 오브 파나마'에 출품되면서 커피 업계에 돌풍을 일으켰습니다. 당시 사상 최고가를 낙찰받았고 매년 최고 금액을 갱신하고 있습니다. 플로럴 향미와 감귤계의 고급스러운 산미, 프루티한 단맛에 긴 여운까지 풍부하고 다양한 풍미를 가지고 있어 명품의 가치가 있는 커피입니다. 현재 파나마 에스메랄다 농장의 게이샤가 주목받고 있으며 콜롬비아, 코스타리카에서 소량 재배되고 있습니다. 풍미가 훌륭한 에티오피아 원종 게이샤를 추천합니다.

- 향미 특징 : 자스민, 얼그레이와 같은 플로럴 향미와 감귤계의 고급스러운 산미, 복숭아와 같은 프루티한 단맛에 꿀이나 카카오 같은 감각이 뒤를 잇는 긴 여운

# 11 커피의 효능 및 효과

커피의 효능은 좋은 커피를 마실 때 진정한 효과가 나타납니다. 어떤 커피를 마시느냐, 커피를 어떻게 마시느냐에 따라 커피는 우리 몸에 긍정적인 효과를 나타내기도 하고 부정적인 효과를 나타내기도 합니다.

품질 좋은 원두에서 좋은 성분들을 추출하여 만든 한 잔의 커피를 올바르게 마신다면 병을 예방하고 건강을 지키는 데에도 큰 도움이 됩니다. 커피에 대한 연구 결과는 꾸준히 발표되고 있으며 지금까지 연구한 바에 따르면 커피는 뇌의 활성화, 동맥경화나 위암, 이뇨 작용과 스트레스를 해소하는 효과뿐만 아니라 다이어트에도 좋은 효과가 있는 것으로 밝혀졌습니다. 또한 커피의 향이 우리의 뇌의 긴장을 풀어주는 알파파를 발생시킨다는 사실이 일본 쿄린 대학에서 실험으로 증명되었습니다.

커피의 효능을 얻기 위해서는 하루 2~3잔 이내가 적당하며 최대 6잔을 넘기지 않는 것이 좋습니다. 성인 카페인 권장량 400mg, 커피 한잔의 카페인 함유량은 약 110mg, 디카페인일 경우 약 15mg입니다. 과다섭취 시에는 두통, 수면 장애, 신경과민으로 불안감이 생길 수 있고 커피가 체질적으로 맞지 않거나 단시간에 과도하게 마실 경우 가슴이 두근거리는 증상이 나타나기도 하니 그럴 경우 카페인양을 줄여야 합니다.

커피의 효능을 극대화하기 위해서는 로스팅을 어떻게 하느냐에 달려 있습니다. 커피 볶는 시간에 짧을수록 클로로젠산, 폴리페놀, 트리고넬린과 같은 좋은 성분이 많이 함유되어 있으며 300여 종의 향기 성분은 증가와 감소를 반복하며 진행됩니다. 니코틴산은 볶는 과정 중에 늘어나기도 하지만 일반적으로 긴 시간 로스팅한 커피는 항산화물질과 영양분 파괴, 빠른 산화의 위험이 있습니다. 그에 비해 카페인은 로스팅 정도와 상관없이 일정한 양을 유지합니다. 따라서 커피의 효능과 효과를 기대하면서도 커피의 맛과 향을 즐기기 위해서는 길게 로스팅한 커피를 피하는 대신 기호에 따라 라이트~미디엄 로스트의 원두로 내린 커피를 마시는 것이 좋습니다.

### 우울증 완화에 효과적

커피의 카페인이 우울증으로 저하된 세로토닌이나 도파민(행복을 느낄 때 나오는 호르몬), 노르아드레날린 등 뇌내 물질의 분비를 자극하기 때문에 우울증 완화에 도움이 됩니다. (2~3잔 권장)

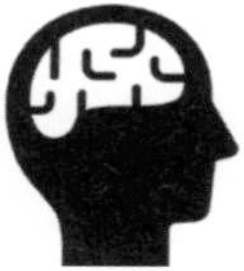

### 기억력 및 집중력 향상

커피와 카페인은 뇌의 신경을 활성화하여 졸음을 쫓아주는 각성작용과 기억력 및 집중력을 향상시킵니다. 커피를 장기 복용 시 알츠하이머병의 위험을 65%, 파킨슨병의 위험을 60% 줄여 주고 특히 파킨슨병의 원인이 되는 뇌의 도파민 수치를 높여줍니다.

### 제2형 당뇨병 예방 효과

클로로젠산이 혈당치가 상승하는 것을 억제합니다. 카페인의 항염증 작용으로 인슐린 분비를 관장하는 췌장을 보호해주는 기능을 하며 니코틴산(비타민)은 당뇨병과 관련된 중성지방을 낮춰주는 효과도 있습니다. 하루 3~4잔 섭취 시 당뇨 발병 위험 40% 이상 감소 사실도 조사되었습니다. (일본 국립 암연구센터)

### 암 예방에 효과적

카페인, 클로로젠산, 폴리페놀에 의한 항산화 작용, 항염증 작용 등으로 간암, 전립선암, 대장암, 여성 피부암, 심장질환, 알츠하이머 예방, 대사증후군 위험 감소에 도움이 됩니다. 인슐린과 요산의 체내 농도도 낮추어 통풍 예방에도 좋고 니코틴산(비타민)과 피라진산이 고지혈증을 예방하고 혈액응고를 막아주기도 합니다.

### 항산화 물질 및 비타민 공급

커피에는 체내 활성산소를 제거하여 노화 방지와 성인병 예방 역할을 하는 항산화 물질인 폴리페놀, 클로로젠산이 다량 함유되어 있습니다. 그뿐만 아니라 망간, 칼륨, 마그네슘, 비타민 B2, B3, B5와 같은 우리 몸에 꼭 필요한 미네랄도 포함하고 있습니다. (커피의 폴리페놀은 와인의 3배, 녹차의 7배, 홍차의 9배입니다.)

### 입 냄새 제거

커피 성분 중 퓨란이라는 물질과 음식물의 강한 냄새와 결합하여 입 냄새를 제거하는 효과를 볼 수 있습니다. 특히 마늘 냄새를 없애는 효과가 높습니다. 또한 입 냄새를 일으키는 박테리아의 활동을 억제해주는 것으로 알려져 있습니다. 단, 우유나 설탕 등 첨가물이 들어간 커피는 효과가 없습니다.

### 효과적인 다이어트

커피의 카페인과 클로로젠산은 지방 분해를 촉진하고 연소시키기 쉽도록 돕는 역할을 합니다. 또한 카페인에는 대사율을 높이는 효과가 있어서 운동 30분 전에 커피를 마시면 지방 연소율이 높아져 다이어트에 효과적입니다. 다이어트에 좀 더 효과를 원한다면 약하게 볶아 클로로젠산이 많이 형성된 라이트 로스트의 원두를 사용하는 것이 좋습니다.

▪ 하루에 3잔 마시기

지방 연소에 필요한 양, 대사율 상승으로 1년에 1.5kg 감량 효과.

▪ 커피 2~3잔 마신 후 운동하기

커피를 마시지 않고 운동한 경우에 비해 30~50%의 지방 연소 비율이 높음

## ♣ 알아두면 좋은 커피 용어

생두의 품질 분류 기준은 원두를 구매할 때 자주 접하게 됩니다.
그 외에 종종 접하게 되는 용어도 소개합니다.

### 뉴 크롭 & 올드 크롭 (New crop & Old crop)

수확한 지 1년 이내의 해콩을 뉴 크롭(new crop)이라고 하며 전년 도산 생두는 패스트 크롭(Past crop), 그 이전에 수확된 것은 올드 크롭(Old crop)이라고 합니다

### COE (Cup of Excellence)

1999년에 브라질에서 처음 실시된 커피 옥션 시스템입니다. 각국의 커피 농장에서 출품한 우수한 커피를 5차례 이상의 엄격한 심사를 거쳐 그 해 최고 커피로 인정하는 명칭입니다. 참가농원의 커피는 경매를 통해 전 세계에서 낙찰할 수 있습니다.

### 네추럴, 워시드, 세미워시드

생두의 가공 방식은 네추럴, 워시드, 세미워시드 세 가지로 나눕니다.

- 네추럴(Natural/ 건식) : 수확한 커피 열매 그대로 건조장에서 자연건조 시킨 후 과육을 제거하는 방식. 전통 방식으로 주로 물이 부족하고 햇볕이 좋은 곳에서 사용합니다.
- 워시드(Washed/ 습식) : 기계로 커피 열매의 과육과 점액질을 제거하고 깨끗한 물로 세척한 후 건조 시키는 방식. 기계와 많은 물이 확보된 곳에서 가능한 방법입니다.
- 세미워시드(Semi-washed/ 반 수세식) : 습식에 자연 건조 과정이 가미된 것으로 수확한 커피 열매를 물로 씻고, 기계로 과육을 제거한 후 햇볕에 건조하고 다시 기계로 건조하는 방식입니다.

Kalita

# Part2. 낭만이 있는 홈카페,

향기로운 커피 향을 맡으며 직접 원두를 고르고 커피를 가는 약간의 수고스러움은 오히려 낭만이 되고, 정성스레 내린 커피 한 잔은 하루의 피로를 풀어주는 회복제가 됩니다. 퇴근 후 지친 하루를 잊게 해주는 낭만이 있는 홈카페를 시작해보세요.

# 01 맛있는 원두 구입하기

### STEP 1. 신선도

커피의 신선함과 고유의 향과 맛의 지속시간은 약 20일 정도입니다. 그 이후에는 점점 맛과 향이 사라져 산지별 개성을 느낄 수 없는 밋밋한 커피가 됩니다. 원두 판매는 보통 100g, 200g 혹은 그 이상의 단위로 판매하므로 2주 이내에 소비할 수 있는 양만큼 구매하는 것이 좋습니다. 단 분쇄하지 않은 원두는 20일 이상 향미 유지가 가능합니다.

잘 볶아진 원두를 구매하기 위해서는 인지도가 있는 원두를 구매하거나 커피 애호가들의 추천을 받는 것이 좋습니다. 로스터리 카페에서 구매 시에는 직접 시향 또는 시음해보고 구매한다면 실패할 확률을 줄일 수 있습니다.

## STEP 2. 생산지 선택

커피는 토양, 기후, 품종에 의해 각각의 특징적인 맛과 향이 결정됩니다. 로스팅에 의해 형성된 커피 향미와 산지별 특성이 서로 조화를 이루어 그 지역(생산국, 지역, 농장)을 대표하는 커피가 탄생합니다. 취향에 맞는 원두를 선택해보세요.

고소한 맛 : 브라질, 엘살바도르
신맛 : 케냐, 에티오피아(이르가체페)
화사한 향 : 에티오피아(시다모, 하라)
달콤 쌉쌀한 맛 : 케냐, 콜롬비아
쓴맛(중후함, 무게감) : 과테말라, 탄자니아, 인도네시아

## STEP 3. 로스팅 그레이드

같은 커피라도 로스팅한 시간에 따라 신맛에서 쓴맛으로 맛과 향이 바뀌므로 연하고 신맛이 감도는 커피를 원한다면 약하게 볶은 원두를 커피 향이 강한 쓴맛을 원한다면 강하게 볶은 원두를 선택합니다.
예를 들어 케냐AA 원두를 좋아하지만, 신맛이 감돌면서 부드러운 맛을 원한다면 약하게 볶은 라이트 로스트를 선택하고 과일류의 산뜻한 달콤함과 적당한 쌉쌀함을 원한다면 미디엄 로스트, 강한 향과 쓴맛을 원한다면 다크로스트의 원두를 선택합니다.

원두 구매 시 겉과 속이 다른 원두를 주의해야 합니다. 원두의 겉면 색깔과 분쇄한 커피의 색깔이 같을 때 정확한 로스팅 그레이드를 확인할 수 있습니다. 분명 연한 갈색의 라이트 로스트 원두를 구매했는데 분쇄해 보니 짙은 갈색인 원두라면 기대했던 커피 맛과 다를 수도 있습니다.

## 02 내게 맞는 그라인더 구입하기

원두를 분쇄하는 굵기는 사용하는 도구에 따라 달라집니다. 일반적으로 에스프레소 머신<모카포트<핸드드립용으로 분쇄 굵기를 다르게 조절하며 이는 커피를 추출할 때 커피 입자가 물과 얼마나 접촉하느냐에 따라 커피 성분의 양과 질이 달라지기 때문입니다.

에스프레소 머신은 높은 압력으로 짧은 시간에 추출하므로 빠른 시간에 원하는 커피 성분을 추출하기 위해서 가는 굵기로 분쇄합니다. 반대로 핸드드립은 커피포트로 물을 부을 때, 물의 세기와 중력을 이용해 커피의 성분을 추출하기 때문에 비교적 긴 시간 물과 접촉하게 되므로 원두를 굵게 분쇄합니다.

맛있는 커피를 원한다면 분쇄한 커피를 구입하기보다 홀빈(whole bean : 분쇄하지 않은 상태의 원두)을 구입하는 것이 좋습니다. 홀빈 상태라면 커피의 향미 성분을 잃지 않도록 오랫동안 유지할 수 있고 커피를 마시기 전 바로바로 분쇄하여 커피를 내린다면 신선하면서도 커피 본연의 풍부한 향미를 놓치지 않고 즐길 수 있습니다.

에스프레소

모카포트

핸드드립

커피 분쇄 도구를 그라인더라고 하며 분쇄할 때 중요한 것은 원두를 얼마나 균일하게 분쇄할 수 있는지 그리고 분쇄하는 동안 열 발생을 얼마나 최소화할 수 있는가입니다. 균일한 분쇄는 물이 커피 입자에 고르게 스며들어 커피 성분을 녹여낼 수 있고 분쇄 시 발생하는 열은 원두의 향미를 변질시킬 수 있어 열 발생을 방지하는 것이 무엇보다 중요합니다. 그라인더는 맷돌처럼 원두를 넣고 직접 손잡이를 돌려서 분쇄하는 수동식과 버튼만 누르면 분쇄되는 전동식으로 나뉘는데 칼날(Burr)의 모양에도 차이가 있습니다.

**수동식 그라인더**

수동 그라인더는 코니컬 버(Conical Bur)를 사용하여 분쇄도가 균일하며 열 발생이 적지만 직접 돌려 분쇄해야 하는 만큼 힘과 시간이 필요합니다. 바쁜 출근 시간대나 몸이 피곤할 때는 부담이 될 수도 있지만 그에 비해 시간이 넉넉한 퇴근 시간이나 휴일에는 천천히 커피 향을 맡으며 분쇄하는 즐거움과 여유를 느낄 수 있습니다.

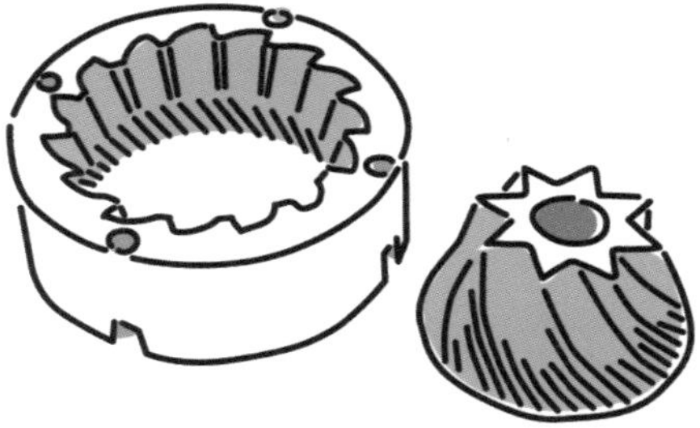

코니컬 버 (Conical Burr)

### 전동식 그라인더

전동식 그라인더는 플랫 버(Flat Burr)를 사용하고 버튼만으로 쉽고 빠르게 분쇄할 수 있으며 분쇄 굵기를 조정하기에도 편리하여 평소 사용하기에 좋은 그라인더입니다. 대량 분쇄 시에는 열 발생의 우려도 있지만 소량으로 분쇄 시에는 걱정할 필요가 없고 커피 입자 또한 균일하여 수동 그라인더에 비해 고가이기는 하지만 그만큼 간편하고 편리하여 홈카페를 위해 고려해 보는 것도 좋습니다. 그 외 전동식에는 블레이드 버(Blade Grinder)를 이용한 그라인더도 있습니다. 간편하고 관리하기에는 좋지만, 분쇄가 균일하지 않고 장시간 회전 시 열 발생이 되기 쉬운 단점이 있습니다.

블레이드 버 (Blade Burr)

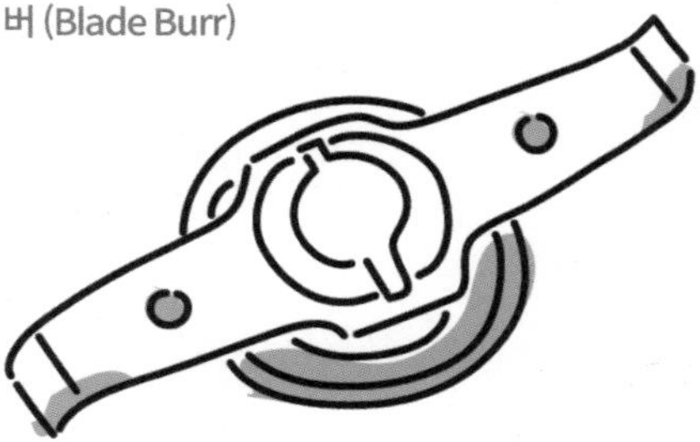

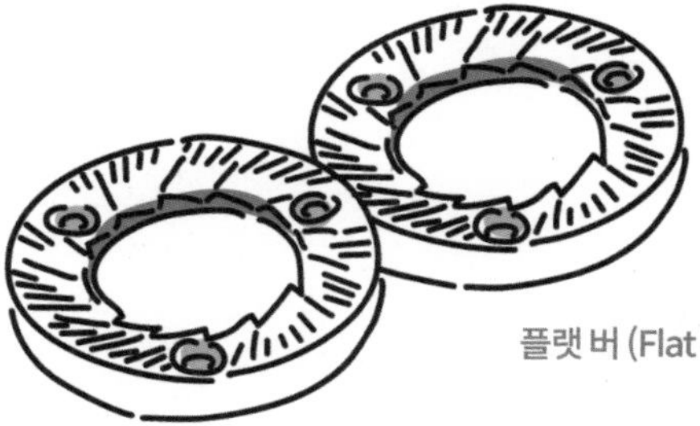

플랫 버 (Flat Burr)

# 03 커피 드리퍼 고르기

드리퍼란 분쇄한 커피를 담아 뜨거운 물을 부어 커피 액을 추출하기 위해 사용하는 도구를 말합니다. 드리퍼는 처음 독일에서 발명되었지만, 우리가 쓰고 있는 드리퍼는 대부분 일본에서 제작한 것으로 칼리타, 하리오, 고노드리퍼가 일반적으로 쓰이고 있습니다.

그 외 융 같은 천을 이용한 드리퍼, 클레버, 케맥스와 같이 다양한 드리퍼도 사용되고 있습니다. 각 드리퍼의 재질과 모양에 따라 추출한 커피의 맛이 다른데 가장 많이 쓰이는 드리퍼에 따른 커피 향미의 특징을 알아두면 나의 커피 취향을 좀 더 세밀하게 맞춰 즐기는 데 도움이 됩니다.

### 칼리타 드리퍼

드리퍼 내부에 세로로 돌출된 "Rib"은 커피의 맛에 가장 많은 영향을 미칩니다. 돌출이 많을수록 커피와 드리퍼 사이의 간극이 커서 공기흐름이 자유로워 분쇄한 커피에 물을 부었을 때 물의 흐름이 원활하게 됩니다. 특히 칼리타 드리퍼는 다른 드리퍼보다 립의 수가 많아 물의 흐름이 빠른 편으로 분쇄한 커피와 물의 접촉시간이 비교적 짧습니다. 대체로 추출하여 맛을 내기에 무난하고 커피의 향미 또한 편안하고 만족한 풍미를 즐기기에 좋습니다.

### 고노 드리퍼

칼리타는 전체적으로 타원이지만 고노드리퍼는 둥근 원추형이며 아래 추출구는 하나지만 크기는 다른 드리퍼에 비해 큰 편입니다. 립의 길이와 수가 적어 물의 흐름이 느린 편으로 커피와 물의 접촉시간이 긴 편입니다. 그에 따라 커피의 맛과 향은 좀 더 깊고 진한 커피를 즐길 수 있습니다.

### 하리오 드리퍼

고노와 같은 원추형이지만 립의 모양이 회오리 모양으로 휘어져 있어 추출 속도가 빠른 편이고 분쇄 커피와 물의 접촉 길이는 긴 편입니다. 그만큼 커피 성분을 좀 더 녹여내기에 좋은 조건을 갖추고 있어 전체적으로 부드러우면서 좀 더 세련된 향과 섬세하고 깔끔한 맛을 즐기기에 좋은 드리퍼입니다.

# 04 커피포트 고르기

커피를 추출할 때 가장 많은 변수는 '커피포트를 얼마나 잘 다루는가'입니다. 커피가 담긴 드리퍼에 물을 부을 때 포트의 흔들림 없이 일정한 물의 양을 잔잔한 시냇물이 흐르듯 부드럽게 부을 때 좋은 향과 맛을 기대할 수 있습니다.

커피에 대한 관심이 높아질수록 다양한 기능과 디자인의 커피 도구들을 볼 수 있는데 그중 포트도 빼놓을 수 없습니다. 많은 종류의 커피포트 중 중요한 것은 포트 손잡이가 잡기에 편한지, 포트에 물이 반 정도 채워졌을 때 들기에 부담이 없는지, 물줄기를 자유자재로 조절할 수 있는 구조인지를 살피는 것이 중요합니다.

### 호소구치 포트

안정적인 몸체와 포트 주둥이가 가까워 세밀하게 조절할 수 있습니다.

### 알라딘 포트

포트의 주둥이가 길게 곡선으로 뻗어있어 조금만 기울여도 물이 쉽게 나와 양손으로 컨트롤하는 것이 좋습니다.

### 올리비아포트

포트의 몸체는 안정적이며 손잡이가 편하여 가늘거나 굵게 두 가지 모두 세밀하게 조정하기 편리합니다.

### 다까히로 포트

포트 주둥이 입구가 굵고 완만한 곡선으로 많은 양의 커피를 내릴 때 편리합니다

# 05 종이 필터 선택하기

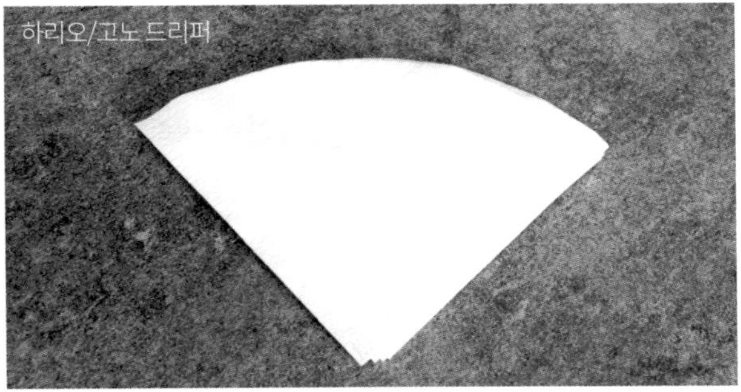


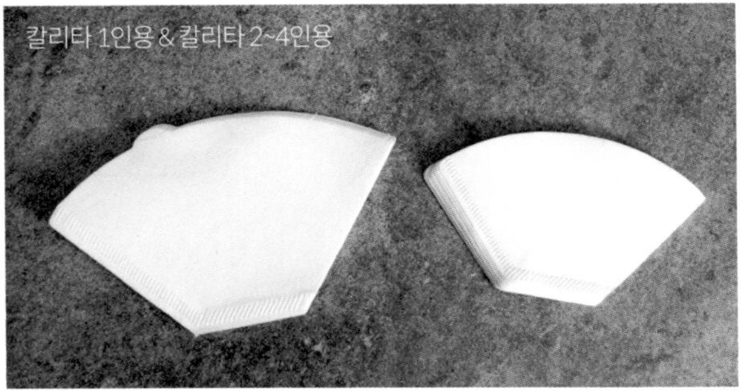


종이 드립 필터는 가장 대중적이고 편리하게 사용하는 방식입니다. 종이필터는 커피 찌꺼기뿐만 아니라 입안에 껄끄러운 느낌의 미분까지 걸러낼 수 있고 커피 오일(지방)을 걸러내 깨끗하면서도 풍부한 향미를 추출할 수 있습니다. 특히 커피를 좋아하지만, 콜레스테롤 수치가 걱정된다면 커피의 식물성 콜레스테롤인 카페스톨까지 걸러주는 종이필터를 이용해 커피를 추출할 수 있습니다.

종이필터는 염소 표백한 흰색 종이필터와 표백하지 않은 황색 종이필터가 있습니다. 순수한 커피 향미를 원한다면 흰색 종이필터를 이용하는 것이 좋으며 황색 종이필터는 커피에 종이 맛이 배어 나와 오롯이 커피의 맛을 즐기기는 쉽지 않습니다.

종이필터를 구입할 때는 드리퍼의 종류와 크기를 확인해야 합니다. 드리퍼의 모양에 딱 맞는 것을 선택해야 하므로 칼리타 드리퍼인지 하리오 드리퍼인지 또 드리퍼의 사이즈가 1인용인지 2~4인용인지 먼저 확인합니다.

**01** 옆면 접착 부분을 안으로 접어 주세요.

**02** 옆면 접착 부분을 접었던 반대 방향으로 아랫면 접착 부분을 접어 주세요.

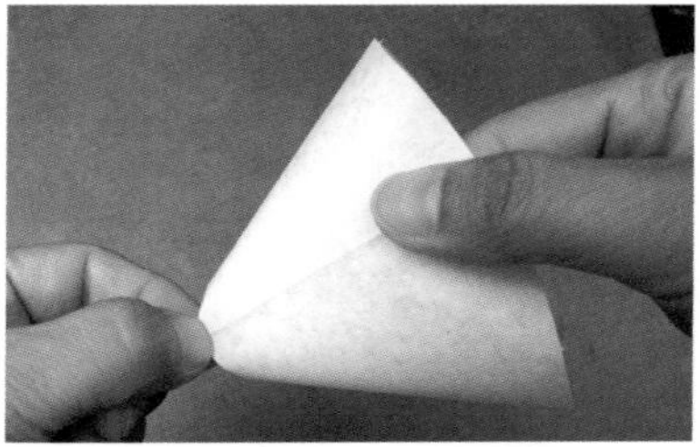

**03** 종이 필터 안쪽을 벌려 아래 양쪽 모서리 부분을 잡고 펼쳐줍니다.

**04** 드리퍼에 맞게 종이 필터를 안착시킵니다.

# 06 적절한 추출 온도

커피를 추출할 때는 물의 온도가 중요합니다. 커피 속에 있는 성분들을 녹여내기 위해서는 로스팅 그레이드에 맞는 적당한 물의 온도가 필수입니다.

라이트 로스트 원두는 다크 로스트 원두에 비해 조직이 단단하여 처음 커피에 물을 부어 적시기를 할 때 부풀어 오르는 정도가 약하고 성분이 녹아 나오는 시간이 좀 더 오래 걸립니다. 그래서 높은 온도의 물을 부을 때 커피의 성분이 잘 녹여낼 수 있습니다. 반대로 다크 로스트의 경우 조직이 약하여 낮은 온도의 물로도 충분히 성분들을 녹여낼 수 있고 빠른 속도로 크게 부풀어 오릅니다.

만약 라이트 로스트에 낮은 물 온도를 사용하면 향과 맛이 밋밋한 커피가 되고 다크 로스트에 높은 물 온도를 사용하면 자극적이고 쓴맛이 강한 커피가 됩니다. 맛있는 커피를 원한다면 물의 온도를 잘 맞추는 것이 중요합니다.

로스팅 그레이드는 로스터에 따라 다르므로 적당한 물 온도 또한 조금씩 달라질 수 있습니다. 정확한 물 온도는 원두의 상태에 따라 조절하는 것이 가장 좋습니다. 만약 적시기 후 물을 부어 드립을 할 때 가운에 구멍이 뚫리듯 깊게 파인다면 물의 온도가 너무 높은 것이니 조금씩 조절하며 물 온도를 설정합니다.

추출 시 물은 갓 끓인 물을 사용합니다. 오래 끓이면 물속 미네랄이 파괴되어 커피의 맛이 밋밋하게 변할 수 있습니다.

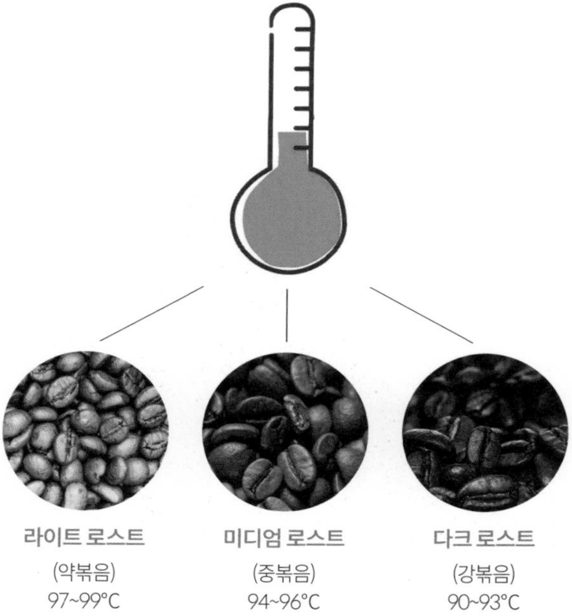

# 07 원두 제대로 보관하기

원두의 신선도에 영향을 미치는 요소는 산소, 빛, 습기, 온도입니다. 공기 중의 산소와 빛, 습기, 온도는 원두의 산화 작용을 촉진해 커피의 향미를 떨어뜨립니다. 오랫동안 신선함을 유지하려면 산소, 빛, 습기를 차단하고 5℃ 이내 온도로 유지하는 것이 좋습니다.

원두 보관 용기는 원두 양이 줄어드는 만큼 공기를 빼고 밀봉할 수 있는 지퍼백이나 산소를 차단할 수 있는 원두 전용 용기 사용을 권장합니다. 500g, 1kg 이상의 대용량 원두는 소분하여 보관함으로써 커피를 내릴 때마다 용기를 여닫을 때 일어나는 산소 접촉의 빈도를 최소화해줄 수 있습니다.

또한 직사광선을 피하고 온도 5℃ 내외로 일정하게 온도 유지를 위해 냉장 보관을 권장합니다. 냉장고 내 음식물 냄새가 배지 않도록 원두 봉투를 락앤락에 한 번 더 넣어서 보관하는 것도 좋은 방법입니다. 며칠 상온에 보관하거나 볶은 지 오래된 원두는 산패 진행과 향미 감소가 빠르게 진행되어 핸드드립 시 커피가 잘 부풀지 않으며 추출이 원활하지 않게 됩니다.

# 08 Coffee Brewing 핸드드립 커피

커피를 추출할 준비가 되었다면 원두를 적당한 굵기로 분쇄하고 추출하기에 적당한 온도(95℃ 이상)의 물을 준비합니다. 추출 전 물을 최대한 가볍고 부드럽게 부을 수 있도록 팔을 가볍게 돌려 어깨와 손목의 힘을 풀어줍니다.

먼저 준비된 물을 커피가 전체적으로 적셔질 정도로 붓고 커피가 부풀어 오를 때까지 약 30~50초 기다립니다. 뜨거운 물에 커피의 성분이 녹아 나올 수 있는 준비 시간입니다. 충분히 부풀어 올랐다면 3차로 나누어 커피에 물을 붓습니다.

물을 부을 때는 가운데에서 바깥으로 나선형으로 원을 그리듯 붓고, 회전수는 1, 2차에서는 3~5회, 3차는 2~3회가 적당합니다. 추출량은 1차 30mL, 2차 20mL, 3차 10mL를 목표로 내립니다. 회전할 때는 안쪽에서 바깥쪽으로 한 방향으로만 진행하는 것이 좋습니다.

추출(총 60mL)이 끝났다면 뜨거운 물 90mL를 부어서 커피 한 잔을 완성합니다.

### 핸드드립 해보기

물온도 : 95~99℃
원두 양 : 15g(1인분)
추출량 : 60mL
추출 시간 : 3분 이내

추출이 용이 하도록 분쇄커피에 전체적으로 적셔준 다음 부풀어 오를 때까지 기다립니다.

가운데에서 밖으로 나선형을 그리며 천천히 물을 부어 줍니다.

1차 추출과 같은 방법으로 물을 부어주되 조금 빠르고 가볍게 부어 줍니다.

가운에서 밖으로 나선형으로 물을 부어주되 회전수는 2~3바퀴로 하고 2차보다 더 경쾌하고 부드럽게 부어 줍니다.

### 쉽고 간편한 커피메이커

바쁜 아침을 커피 향과 함께 상쾌하고 기분 좋게 시작할 수 있는 커피메이커는 원두와 물의 비율만 맞으면 맛있는 커피는 문제없습니다.

- 추천 원두 : 브라질 산토스, 케냐AA, 콜롬비아 수프리모 (중~강볶음)
- 원두 : 15g(1인분)
- 물 : 100~150mL(기호에 따라)

① 원두 15g을 종이필터에 담아 표면을 안정화하고 커피바스켓에 놓습니다.
② 물 150mL를 물탱크에 부은 후 전원을 켭니다.(진하게 먹고 싶다면 물 100mL만 사용합니다)
③ 잠시 후 한 잔의 커피가 완성됩니다.

## 더운 여름날엔 싱그러운 콜드브루 커피

요즘은 콜드브루(cold brew)로 불리는 더치커피는 실온에서 긴 시간 차가운 물로 우려내는 커피입니다. 커피 원액과 물의 비율을 조절하여 간편하게 차가운 음료를 즐길 수 있습니다.

- 추천 원두 : 에티오피아, 케냐AA (중볶음)
- 원두 : 24g(1인분)
- 물 : 100mL

추출된 원액 100mL의 커피는 그대로 마시거나 약간의 물을 희석하여 농도를 맞춘 후 마실 수 있습니다.

## 깊고 진한 풍미의 모카포트 에스프레소

고가의 장비들에 비해 부담 없이 구비하여 깊고 진한 풍미의 에스프레소를 간편하게 즐길 수 있습니다.

- 추천 원두 : 하우스 블렌딩 (중~강볶음)
- 원두 : 8~10g(1인분)

모카포트는 2인용, 4인용, 6인용 등 각각 다양한 크기가 있습니다. 모카포트는 커피를 추출할 때 항상 바스켓에 커피를 가득 담아야 하므로 4~6인용 모카포트를 사용하면 혼자 마시더라도 항상 4~6인용 양의 커피를 추출해야 하니 평소 마시는 커피양을 고려하여 선택해야 합니다.

**모카포트 구매 TIP**

알루미늄 재질 보다 스테인리스 재질을 추천합니다. 알루미늄은 세척 시 세제 사용을 피해야 하고 평소 보관 시 물기를 잘 제거해야 오랫동안 사용할 수 있습니다. 그에 비해 스테인리스 재질은 세척 및 보관이 용이하고 실제 커피를 추출할 때 상부와 하부의 접합이 잘 되어 중간에 커피가 새는 일이 없고 에스프레소 맛이 깔끔하고 농도도 진합니다.

# 10 커피의 맛을 살리는 커피잔 선택하기

좋은 원두를 고르고 정성을 들여 내린 커피 그대로를 담아낼 커피잔을 고르는 것은 한 잔의 커피를 완성하기 위한 마지막 과정이라 할 수 있습니다. 커피의 종류는 다양하고 그에 어울리는 커피잔의 모양이나 크기, 재질 또한 다양합니다. 커피의 종류에 맞는 커피잔을 고르는 것은 커피의 맛과 향을 한층 더 높이는 또 하나의 중요한 과정입니다. 그뿐만 아니라 커피잔의 아름다운 디자인은 미적 만족감을 선사하기도 합니다.

커피 한 잔을 마셔도 여러 개의 커피잔 중에 유독 한 커피잔에만 손이 가는 경험이 있다면 커피를 더 맛있게 느낄 수 있게 해주는 커피잔을 찾았기 때문입니다. 커피는 커피잔의 모양이나 두께에 따라 맛이 조금씩 달라지는데 자신도 모르는 사이에 그 비밀을 깨우친 것입니다.

커피 전문가들이 추천하는 커피잔을 고를 때 중요한 요소는 커피 향을 잘 맡을 수 있는 커피잔 모양, 커피 맛을 오래 유지할 수 있는 두께감, 커피의 아름다운 수색을 잘 드러내는 잔 내부가 하얀 도자기 잔입니다.

## 에스프레소 잔

에스프레소는 25~30mL의 적은 양이므로 빨리 식지 않도록 잔이 두꺼운 것이 특징입니다. 에스프레소 잔은 데미타세(Demitasse)라고도 하며 프랑스어로 demi는 절반의, tasse는 컵이라는 뜻입니다.

## 도피오 잔

도피오(doppio)는 double espresso라고 부르기도 하며 2잔 분량의 에스프레소를 담아내는 커피잔을 도피오 잔이라고 합니다. 적은 양의 에스프레소의 아쉬움을 달래고 진한 풍미를 만족스럽게 느낄 수 있습니다.

## 머그잔

mug(머그)는 손잡이가 있는 원통형의 큰 컵을 말하며 커피나 우유 등 뜨거운 음료를 마시는 데 사용되는 실용적인 컵입니다. 커피잔보다는 커서 아메리카노 커피나 라테와 같은 커피 음료에 주로 사용됩니다.

**커피잔**

따뜻한 커피에 사용하는 잔으로 보통 120~150mL 용량에 손잡이가 있는 커피잔과 컵 받침으로 구성됩니다. 요즘은 250mL 용량도 사용하는 추세입니다. 주로 핸드드립 커피에 사용하며 카푸치노나 카페라테 잔으로도 사용하기도 합니다.

**유리잔**

얼음을 넣어 시원하게 마시기에 좋은 잔입니다. 투명함에서 오는 시각적인 시원함과 재질에서 느낄 수 있는 깔끔함과 청량감이 좋습니다. 내열 유리잔은 뜨거운 커피를 마시는 것도 가능하며 매끄럽고 가벼운 느낌의 커피를 즐길 수 있습니다.

**잔의 윗부분이 좁아지는 모양**

커피의 향을 깊게, 진하게 맡을 수 있습니다. 마실 때 커피잔의 기울이는 각도가 큰 편이어서 입안 깊숙이 흘러들어와 깊고 진한 맛을 느낄 수 있습니다.

**잔의 윗부분이 종 모양으로 넓어지는 모양**
커피 향이 넓게 확산되어 부드럽고 가볍게 맡을 수 있습니다. 커피잔을 기울이는 각도가 작아 커피가 입안 넓게 감돌고 산뜻하고 가볍게, 매끄러운 감촉을 즐길 수 있습니다.

**잔의 높이가 높고 원기둥 모양**
잔의 높이는 길고 입구는 좁은 편으로 기울이는 각도가 커서 커피 향을 깊게 맡을 수 있고 커피 또한 입안 깊숙이 마실 수 있어 짜릿하고 강한 향미를 즐기기에 좋습니다.

**온도를 유지해주는 두꺼운 잔**
잔의 두께가 얇은 커피잔은 커피 온도가 빠르게 식어 부드럽고 가볍게 다가오는 특징이 있으며 두꺼운 잔은 오랫동안 커피 향미를 유지해주고 중후함이나 진한 풍미, 감칠맛을 즐길 수 있습니다.

# ♣ 한 잔의 커피를 즐기는 방법

## 01 Mild, Regular, Strong

한 잔의 커피를 진하게 내려 커피의 강렬한 향미를 즐기거나 때로는 부드럽게 내려 허브차처럼 부드럽고 은은한 향미를 즐길 수도 있습니다. 진하게, 연하게 내릴 때 달라지는 향과 맛을 느껴보세요.

## 02 분쇄에서부터 한 모금의 커피를 마시기까지 과정마다 다채로운 커피 향 기분 좋게 즐기기

커피를 내리기 위해 분쇄한 커피 향과 커피를 추출한 후의 커피 향, 추출한 커피에 물을 부어 마시기 직전의 커피 향 등 커피 추출 과정에서는 다양한 향을 맡을 수 있습니다. 과정마다 느낄 수 있는 풍부하고 다채로운 커피 향기의 기분 좋은 즐거움을 놓치지 마세요.

## 03 온도 변화마다 다른 커피 맛 즐기기

커피는 뜨거울 때 단맛이 더 잘 느껴지고 차가울 때 산미가 더 잘 느껴집니다. 커피를 추출 후 바로 70~80°C 정도의 뜨거운 커피에서 피어나는 커피 향기와 함께 달콤함을 즐기고 적당히 식은 60°C 정도에서는 부드러운 단맛과 함께 쌉쌀함, 약간의 산미로 풍부하면서 목 넘김이 좋은 커피를 즐겨보세요. 시간이 지나 완전히 식었을 때는 새콤함이 살아있는 산뜻함과 개운함으로 마무리할 수 있습니다. 식었을 때의 새콤함이 싫다면 뜨거운 물을 다시 살짝 넣으

면 커피의 온도를 높여 신맛을 감소시킬 수 있습니다. 따뜻한 커피를 좀 더 오래 마시고 싶다면 뜨거운 물로 잔을 먼저 데워두세요. 특히 추운 겨울에는 커피가 빨리 식을 수 있으니 잔 데우기로 커피의 향미를 오래 유지할 수 있습니다..

## 04 나만의 커피 블렌딩

집에 마시던 커피가 조금씩 남았다거나 선물 받은 원두커피가 있다면 2~3가지 원두를 조금씩 혼합해서 나만의 블렌딩 원두를 만들 수 있습니다. 그동안 맛보던 커피에 풍미가 더해지기도 하고 밋밋하던 커피에서 향기로움이 가미되어 커피타임이 한 층 더 즐거워질 수 있습니다. 나만의 하우스 블렌딩에 도전해보세요.

## 05 「퇴근 후, 홈카페」 추천 블렌딩

- 마일드한 맛과 과일 향의 여운을 느낄 수 있는 커피

→ 킬리만자로 100g + 케냐 200g

- 부드러운 산미와 쌉쌀한 맛이 강한 커피

→ 콜롬비아 300g + 에티오피아(하라, 시다모) 100g + 브라질 100g

- 스모키한 맛과 부드러운 커피 향을 즐길 수 있는 커피

→ 인도네시아 토라자 300g + 코스타리카 100g + 콜롬비아 100g

# Part3. 풍성한 홈카페를 위한 레시피,

카페에서 마시듯 집에서도 간단하게 즐길 수 있는 다양한 베리에이션 메뉴를 소개합니다. 언제 마셔도 질리지 않는 나만의 커피에 새로운 커피를 더해보세요. 문득 생각난 커피를 맛있게 마셨을 때 충족되는 만족감은 그 순간 즐거움과 행복함으로 바뀌게 됩니다. 바늘 가는 데 실 가듯 빼놓을 수 없는 커피의 단짝 친구 베이커리도 함께 만나보세요.

## 01 ESPRESSO

### 다양한 커피의 기본이 되는 에스프레소

에스프레소는 진한 농도로 적은 양을 빠르게 내려 마시는 커피로 모든 바리에이션 커피 메뉴의 기본이 됩니다. 모카포트로 부담 없이 간편하게 에스프레소를 즐겨보세요. 에스프레소는 짧은 시간에 적은 양(25~30mL)의 커피를 추출하기 때문에 다크로스트 원두를 사용하는 것이 좋습니다. 3~4가지를 혼합한 블렌딩 원두를 선택하면 깊고 진한 커피를 맛볼 수 있습니다.

[ 재료 ] 모카포트, 원두 : 8~10g(1인분)

**01** 모카포트를 준비합니다.

**02** 물탱크에 뜨거운 물을 채웁니다. 뜨거운 물을 사용하면 빠른 가열로 추출 시간이 단축됩니다.

**03** 바스켓에 원두를 가득 채웁니다. 스푼의 손잡이 부분으로 바스켓 윗면을 지나가면서 표면을 평평하게 정리합니다.

**04** 커피가 담긴 바스켓을 하부포트에 장착합니다.

**05** 상부 포트와 결합한 후 불에 올려 가열합니다.

**06** 크레마와 함께 커피가 나올 때 원하는 추출량에서 불을 끕니다. 커피 원액이 다 나올 때까지 기다리기보다 에스프레소 양(25~30mL/1인분)만큼 추출하면 커피의 밸런스가 좋습니다. 조금 더 부드러운 커피를 원한다면 리스트레토 양(15~20mL)만큼 추출합니다.

**07** 설탕을 1조각 넣어 에스프레소의 짜릿한 강렬함에 달콤한 풍미를 더해보세요. 약간의 우유를 넣는 것도 좋습니다.

**TIP** 가스렌지를 사용할 때는 삼발이를 준비하여 사용합니다.

## 02 COLD BREW

### 더운 여름날 싱그러운 콜드브루 커피

요즘은 콜드브루(cold brew)로 불리는 더치커피는 실온에서 긴 시간 차가운 물로 우려내는 커피입니다. 향이 강하지는 않지만 뜨거운 물로 추출할 때는 낼 수 없는 독특한 향미가 있습니다. 커피 안에 내재 된 향미를 풍부하게 느낄 수 있으면서도 잡맛이 없고 깔끔하게 즐길 수 있습니다.

[ 재료 ] 원두(중볶음) 24g, 물 110mL

**01** 커피 탱크에 종이필터를 깔고 분쇄한 원두(24g)를 담습니다. 추천 원두는 에티오피아, 케냐AA입니다.

**02** 표면을 고르게 한 후 종이필터를 올리고 물탱크에 시원한 물 110mL를 담습니다.

**03** 물이 떨어지는 속도를 1초에 2~3방울씩 조금 빠른 속도로 떨어뜨려 커피가 전체적으로 적셔지도록 합니다.

**04** 커피바스켓의 커피가 전체적으로 적셔지고 커피 서버에 한두 방울씩 떨어지면 물이 1초에 1방울씩 떨어지도록 물탱크의 밸브를 조절합니다.

**05** 커피 서버에 100mL의 커피가 추출되면 그대로 마시거나 약간의 물을 희석하여 농도를 맞춘 후 마십니다.

# 03 CAFE MACCHIATO

## 고소한 우유 거품이 함께 하는 카페 마키아토

에스프레소 위에 우유 거품을 한 스푼 올려 즐기는 커피로 우유 한 스푼만으로도 하루 동안 필요한 칼슘을 보충할 수 있습니다. 무엇보다 진한 풍미의 커피에 우유 거품의 부드러운 감촉을 느껴보는 것도 또 다른 즐거움입니다. 우유 거품에 설탕 한 꼬집을 살짝 뿌려 마시면 달콤함이 우유의 비린 맛을 감소시켜줍니다.

[ 재료 ] 에스프레소 25~30mL, 프렌치 프레스,
밀크 폼(우유 거품)

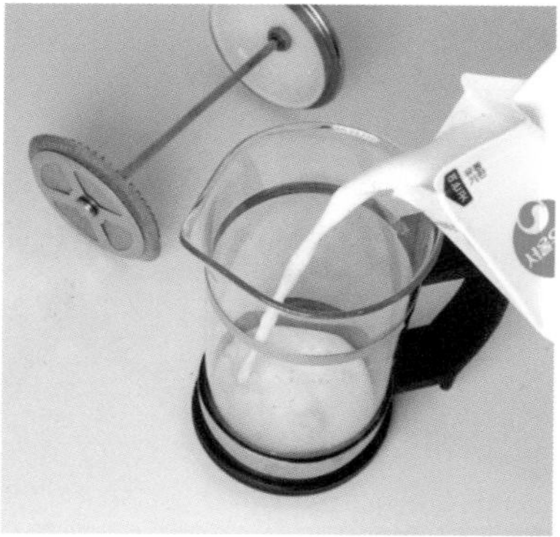

**01** 에스프레소(25~30mL)를 준비합니다.

**02** 에스프레소를 준비하는 동안 우유 거품을 준비합니다. 프렌치 프레스에 100mL의 우유를 붓습니다.

**03** 우유 표면을 아래위로 3~4회 빠르게 칩니다. 같은 동작을 10회 반복합니다.

**04** 부드럽고 탄탄한 우유 거품이 형성될 때까지 잠깐 기다립니다.

**05** 에스프레소 위에 우유 거품 한 스푼을 보기 좋게 올립니다.

## 04 CAFE CON PANNA

### 크림과 따뜻한 음료의 묘한 매력 카페 콘 판나

에스프레소 위에 생크림을 올려 마시는 커피로 따뜻한 에스프레소의 진한 향미와 차갑고 달콤한 생크림이 입 안에서 어우러져 따뜻하면서도 차가운 촉감이 동시에 느낄 수 있는 묘한 즐거움이 있는 커피입니다.

[ 재료 ] 에스프레소 25~30mL, 생크림 450mL, 설탕 35g, 바닐라 엑스트라 1g

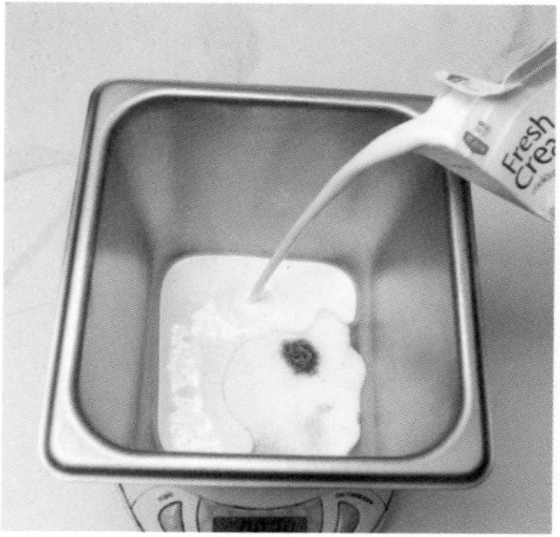

**01** 모카포트로 내린 에스프레소(25~30mL)를 준비합니다.

**02** 휘핑크림을 준비합니다. 설탕 35g, 생크림 450mL와 바닐라 엑스트라 1g을 용기에 담습니다.

**03** 휘핑 전 생크림 용기를 냉장 혹은 냉동실에 잠깐 넣어 시원하게 만듭니다. 휘핑기로 원하는 질감의 생크림이 될 때까지 7~8분 정도 휘핑합니다.

**04** 에스프레소 위에 생크림 한 스푼을 보기 좋게 올립니다.

**TIP** 시중에 판매하는 휘핑크림 스프레이를 이용하면 카페 콘 판나를 좀 더 간편하게 즐길 수 있습니다. 직접 만든 휘핑크림보다 풍부한 맛과 촉촉함은 부족해도 사용하기 간편하고 보관이 용이합니다.

## 05 AMERICANO

### 가장 친근한 커피, 아메리카노

아메리카노는 드립 방식의 커피를 마시는 미국인들을 보고 유럽인들이 붙인 커피 이름입니다. 아메리카노의 의미는 커피메이커로 내리거나, 드립 방식의 커피, 에스프레소에 물을 넣은 커피 등 커피를 연하게 만들어 마시는 모든 방식을 포함하지만 국내에서는 에스프레소에 물을 부어 만든 커피를 말합니다.

[ 재료 ] 에스프레소 25~30mL, 물 180~200mL

**01** 에스프레소(25~30mL)를 준비합니다.

**02** 머그잔에 에스프레소를 넣고 90℃ 이상의 뜨거운 물 180~200mL를 붓습니다.

## 06 CUBE LATTE

### 변하지 않는 진한 커피, 큐브 라테

뜨거운 태양열을 식혀줄 아이스 커피는 빼놓을 수 없습니다. 아이스 카페라테를 마시면서 늘 아쉬운 것이 얼음이 녹으면서 라테의 농도가 옅어진다는 것이지요. 이런 아쉬움을 채워줄 수 있는 커피가 바로 큐브 라테입니다. 커피를 얼려 얼음 대신 사용하면 커피 얼음이 녹아도 마지막까지 변하지 않는 농도로 시원하게 즐길 수 있습니다.

[ 재료 ] 에스프레소 25~30mL, 우유 150~160mL, 커피얼음 5~6개

**01** 아메리카노를 만들어 식힙니다. 얼음틀에 식혀둔 아메리카노를 부어 냉동실에 얼립니다. 커피 얼음은 따로 냉동 보관해 두었다가 필요할 때마다 사용할 수 있습니다.

**02** 커피 얼음을 유리잔(500mL)에 7~8개 정도 채우고 에스프레소(25mL)를 붓습니다.

**03** 시원한 우유(150~160mL)를 유리잔의 8부까지 부어서 완성합니다.

# 07 CAFE LATTE & CAFE AU LAIT

## 우유 거품의 매력 카페라테와 카페오레

커피에 우유를 넣어 만든 것을 카페라테라고 하며 보통은 스팀으로 우유를 곱게 거품을 낸 따뜻한 우유를 사용하지만, 프랑스에서는 진한 커피에 우유를 따뜻하게 데워서 즐겨 마시는데 이를 카페오레라고 합니다. 카페라테와 카페오레 모두 진한 커피와 우유를 넣어 사용하지만, 우유를 데우는 방식에서 차이가 있습니다. 카페라테가 맛있으려면 우유 스티밍 작업이 아주 중요합니다.

[ 재료 ] 에스프레소 25~30mL, 우유 150~160mL

**01** 에스프레소(25~30mL)를 머그잔에 담습니다.

**02** 우유 거품기에 라테용 부품을 장착하고 150~160mL의 우유를 넣고 라테 버튼을 누릅니다.

**03** 곱게 만들어진 따뜻한 우유를 커피가 든 머그잔에 붓습니다. 우유를 부을 때는 머그잔의 가장자리에 부어서 커피와 자연스럽게 잘 섞이도록 합니다.

## 카페오레

150~160mL의 우유를 냄비에 넣고 가스레인지에 데웁니다. 우유 막이 형성되기 시작하면 불을 끄고 데운 우유를 에스프레소가 담긴 커피잔에 붓습니다.

## TIP 플랫화이트

미국인들의 커피가 아메리카노로 유럽에 소개된 것처럼 호주의 커피 중 하나가 플랫화이트라는 이름으로 국내에 소개되었습니다. 진한 커피와 우유 거품층이 아주 얇게 스티밍 된 우유를 1:1 비율로 만들며 코르타도, 피콜로라고 부르기도 합니다. 평소 라테 양이 부담스러웠던 사람들에게는 더없이 환영받을 메뉴입니다. 진한 풍미의 커피에 스팀 밀크가 입안에 착 감기는 매력을 느낄 수 있습니다.

# 08 VANILLA CAFE LATTE

## 다양한 시럽 바리에이션, 바닐라 카페 라테

카페라테에 바닐라 향이 나는 시럽을 넣으면 바닐라 카페 라테가 되고 헤이즐넛 시럽을 넣으면 헤이즐넛 카페 라테, 캐러멜시럽을 넣으면 캐러멜 카페 라테가 완성됩니다. 라테에 시럽만 넣으면 되는 간단한 레시피지만 다양한 풍미를 더 해 즐길 수 있어 많은 이들에게 사랑받고 있습니다.

[ 재료 ] 에스프레소(25~30mL), 우유(150~160mL), 시럽(20mL)

**01** 먼저 커피잔에 바닐라 시럽 20mL를 넣습니다. 헤이즐넛 시럽이나 캐러멜시럽을 사용하면 다른 풍미의 라테를 만들 수 있습니다.

**02** 에스프레소(25~30mL)를 커피잔에 넣은 후 바닐라 시럽이 녹을 수 있게 저어서 섞습니다.

**03** 우유 거품기로 완성한 따뜻한 우유를 커피잔에 부어 바닐라 카페 라테를 완성합니다. 우유 거품기가 없다면 냄비나 밀크 팟에 우유를 데워서 사용합니다.

## 09 CAPPUCCINO

### 풍부한 우유 거품의 풍미, 카푸치노

카페라테는 밀크 폼이 얇고 고우며 우유의 달콤한 맛이 있지만 카푸치노의 밀크 폼은 좀 더 탄탄하고 두꺼우며 고소한 맛이 강합니다. 토핑으로 시나몬 가루나 코코아 가루를 뿌려 함께 즐길 수 있습니다. 에스프레소의 크레마를 커피잔의 가장자리에 자리 잡도록 풍성한 밀크 폼을 올려주면 카푸치노를 마실 때 커피와 밀크 폼의 질감을 함께 느낄 수 있습니다.

[ 재료 ] 에스프레소 25~30mL, 우유 150mL

**01** 에스프레소(25~30mL)를 카푸치노 잔에 담습니다.

**02** 우유 거품기에 카푸치노용 부품을 장착하고 우유 150mL를 넣습니다. 시원한 카푸치노를 원한다면 프렌치프레스에 우유 150mL를 넣고 우유 거품을 만들어 사용합니다.

**03** 풍성한 밀크 폼을 커피잔 가운데에 조심스럽게 붓습니다.

**04** 남은 밀크 폼을 스푼으로 떠서 커피 잔에 올립니다.

**05** 시나몬 가루나 카카오 가루를 기호에 따라 밀크 폼 위에 뿌립니다.

**TIP** 시나몬 향기를 좀 더 진하게 느끼고 싶다면 밀크 폼을 올리기 전에 에스프레소에 시나몬 가루를 뿌려 살짝 잔을 돌려 섞은 후 밀크 폼을 올립니다.

## 10 EINSPANNER

### 달콤쌉싸름한 아인슈페너

오스트리아 빈(비엔나)에서 유래되어 비엔나커피로 많이 알려져 있지만 정식 명칭은 아인슈페너입니다. 따뜻한 커피에 달콤한 생크림을 올려 마시는 커피로 입안에 머무는 쌉싸름한 커피의 따뜻함과 부드러운 생크림의 차가움이 섞일 때의 묘한 매력이 있습니다. 조금 진한 아메리카노나 핸드드립 커피를 사용합니다. 따뜻한 커피가 싫다면 콜드브루 커피로 만드는 방법도 있습니다.

[ 재료 ] 원두 20g, 생크림, 바닐라 엑스트라 1g, 설탕 35g

**01** 용기에 설탕 35g, 생크림 450mL와 바닐라 엑스트라 1g을 넣고 부드러운 생크림이 형성될 때까지 휘핑하여 생크림을 준비합니다.

**02** 원두 20g으로 핸드드립 커피 100mL를 추출하거나 에스프레소 2 샷(50~60mL)에 뜨거운 물 50~60mL를 탄 진한 아메리카노를 준비합니다.

**03** 진하게 내린 커피 위에 생크림을 보기 좋게 올립니다.

## 11 CAFE ROMANO

### 산뜻하고 색다른 카페 로마노

핸드드립 커피에 레몬 슬라이스 한 조각을 띄우면 레몬의 상큼함과 커피가 어우러져 상큼하면서도 개운함이 감도는 커피를 맛볼 수 있습니다.

[ 재료 ] 핸드드립 커피 1잔, 레몬 슬라이드 1조각

**01** 레몬 슬라이스를 준비합니다. 생레몬이 없다면 레몬청을 담근 레몬 슬라이스도 사용할 수 있습니다.

**02** 준비한 핸드드립 커피잔에 레몬 슬라이스 1조각을 띄웁니다.

# 12 SHAKERATO

## 무더운 더위 사냥, 샤케라또

깊고 진한 풍미의 에스프레소를 시원하게 즐길 수 있는 음료입니다. 에스프레소를 셰이커에 넣고 흔들어 형성된 거품이 커피의 짜릿함과 달콤함을 부드럽게 만듭니다. 비록 적은 양이지만 더위에 지친 몸의 피로를 풀기에 더할 나위 없이 좋은 아이스 커피 메뉴입니다.

[ 재료 ] 에스프레소 2 샷(50~60mL), 설탕 10g,
얼음 5~6개

**01** 에스프레소 2 샷(50~60mL)을 준비합니다.

**02** 셰이커에 얼음, 시럽 25m, 에스프레소를 넣습니다.

**03** 셰이커의 뚜껑을 닫고 곱고 부드러운 거품이 형성될 때까지 흔듭니다.

## 13 COFFEE MILK-SHAKE

### 상쾌한 시원함 커피 쉐이크

쉐이크 속 얼음 알갱이가 시원함과 상쾌함을 주는 음료입니다. 포인트는 입 안에서 얼음 알갱이가 느껴지도록 얼기설기 섞어주는 것입니다.

[ 재료 ] 에스프레소 25~30mL, 우유 120mL,
초콜릿 시럽, 얼음 5~6개,
바닐라 아이 스크림1.5스쿱

**01** 에스프레소 25~30mL와 얼음 5~6개를 빙수기나 블렌더에 넣고 적당한 굵기로 준비합니다.

**02** 갈린 얼음과 에스프레소, 아이스크림 1.5스쿱을 피처에 넣습니다.

**03** 주걱으로 어슷하게 섞은 후 유리잔에 담아 완성합니다.

# 14 AFFOGATO

## 행복 한 스쿱 더한 아포가토

아이스크림 위에 진한 에스프레소를 끼얹는 디저트입니다. 누구나 좋아할 달콤한 아이스크림과 에스프레소를 한 스푼 입에 담는 순간 밀려오는 행복감을 느낄 수 있습니다. 마지막에는 살짝 녹은 아이스크림과 커피가 적절하게 섞인 달콤 쌉싸름한 커피 한 모금으로 마무리합니다.

[ 재료 ] 에스프레소 25~30mL, 아이스크림 1 스쿱

**01** 에스프레소와 바닐라 아이스크림 한 스쿱을 준비합니다. 바닐라 맛은 커피의 향미와 잘 어울리는 아이스크림이지만 기호에 따라 다양한 아이스크림을 선택할 수 있습니다.

**02** 에스프레소 25~30mL를 아이스크림 위에 끼얹습니다.

## 15 COFFEE DRIP BAG

### 커피 드립백

언제든지 간단하게 내려 마실 수 있는 커피 드립백입니다. 좋아하는 원두를 1인분씩 소분하여 담고 밀봉하여 여행이나 캠핑을 한층 더 즐겁게 만들 수 있습니다.

[ 재료 ] 분쇄 원두 100g, 드립백용 커피 필터 10개, 드립백용 봉투(10개), 실링기, 저울, 스푼, 종이컵

**01** 커피 필터의 종이 클립을 양쪽으로 펼쳐 종이컵에 고정합니다.

**02** 분쇄한 원두 10g을 스푼을 이용해 담습니다.

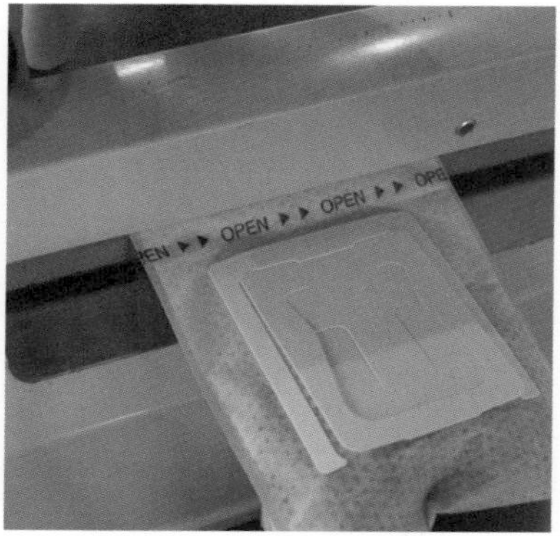


**03** 필터를 실링기로 밀봉합니다. (실링기 버튼 2 설정)

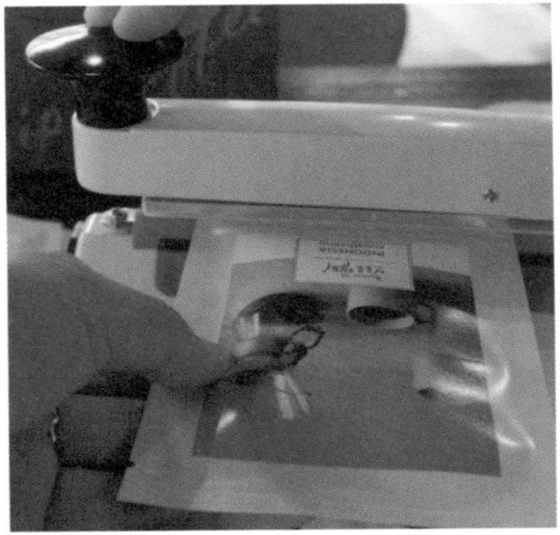

**04** 밀봉한 커피 필터를 드립백용 봉투에 넣고 실링기 버튼을 3으로 설정하여 밀봉합니다. (봉투 두께에 따라 약간 차이가 있을 수 있습니다) 과정을 반복하여 10개의 드립백을 완성합니다.

**05** 실링기가 없거나 낱개 포장할 여유가 없다면 분쇄한 원두와 커피 필터를 준비합니다. 커피 필터에 분쇄한 원두를 담아서 드립 해서 마실 수 있습니다.

## 드립백으로 커피 내리기

드립백 상단의 절취선을 따라 분리하고 손잡이를 당겨 커피잔에 걸칩니다. 90℃ 이상의 물로 30초 정도 원두를 적당히 적시고 3번에 나누어 총 50~60mL를 추출합니다. 기호에 따라 진하게 또는 연하게 물을 부어 마십니다. (한 잔 120mL) 깔끔한 커피를 즐기고 싶다면 커피를 추출하는 동안 드립백이 커피에 잠기지 않도록 주의합니다.

## 16 DESSERT PAIRING

### 커피와 최상의 조합, 디저트 페어링

커피 하면 디저트를 빠뜨릴 수 없습니다. 다양한 커피의 종류만큼 다채로운 디저트를 소개합니다.

## 달콤한 케이크

중~강 볶음의 강한 향미의 커피(콜롬비아 수프리모, 인도네시아 수마트라 만델링, 탄자니아 킬리만자로)에는 시폰 케이크, 모카 케이크, 티라미슈, 치즈케이크 등 부드럽고 풍부한 케이크가 잘 어울립니다. 산뜻하고 화사한 향미의 커피(에티오피아 커피, 케냐AA, 예멘 모카)에는 상큼한 과일이 곁들여진 케이크나 타르트 종류가 잘 어울립니다.

## 담백한 빵

일상적으로 먹는 식빵, 버터 롤과 같이 담백한 빵은 커피와 부담 없이 즐기기 좋습니다. 미국은 베이글, 영국은 스콘, 프랑스는 크루아상을 데일리 브레드로 즐깁니다. 그 외에도 마들렌, 피낭시에, 머핀, 바게트, 파운드케이크도 커피와 곁들이기에 좋은 빵입니다. 담백한 빵과 잘 어울리는 커피는 브라질, 엘살바도르, 코스타리카, 도미니카, 블렌드 커피가 있습니다.

## 쿠키

쿠키의 주재료인 버터의 고소한 맛은 커피의 맛을 한층 더 업그레이드시킵니다. 부드러운 쿠키류는 대부분의 커피와 잘 어울리며 머랭 쿠키와 같이 단맛이 강한 쿠키는 쓴맛이 좋은 커피, 블렌드 원두로 내린 아메리카노나 강볶음의 원두로 내린 커피와 잘 어울립니다. 그 밖에도 팔미에, 튀일, 비스코티, 사블레와 같은 구움 과자 역시 커피와 함께 부담 없이 즐기기에 좋습니다.

## 초콜릿

브라우니, 초코케이크 등 초콜릿이 주재료인 디저트는 베리에이션 커피와 잘 어울립니다. 진한 초콜릿의 풍미와 농밀감이 자칫 커피의 맛을 해칠 수 있으나 카페라테와 같이 우유가 들어간 커피는 초콜릿의 농밀감과 잘 어우러질 뿐만 아니라 커피의 향미 또한 빨리 사라지지 않게 유지시켜주어 제법 잘 어울리는 조합입니다.

## 17 COFFEE JAM

### 특별한 홈카페를 위한 프리미엄 커피 잼

커피에 커피를 더한 특별한 디저트로 커피 잼 토스트를 소개합니다. 진하게 내린 커피와 설탕으로 만든 커피 잼은 향긋한 커피 향과 달콤함이 토스트와 잘 어울리는 조합입니다.

[ 재료 ] 커피 원액 200mL, 설탕 100g, 팩틴 2g

**01** 원두 50g을 핸드드립으로 200mL 추출합니다. 좀 더 풍부한 맛을 원한다면 모카포트 에스프레소를 25mL 추가합니다.

**02** 추출한 커피 원액에 설탕 100g을 넣고 가열합니다. 센 불에서 팔팔 끓으면 중간 불로 10~15분 정도 더 끓입니다.

**03** 불을 끄고 펙틴 2g을 넣어 잘 섞은 후 소독한 유리병에 담아 식힌 후 보관합니다.

## ♣ 재미있는 커피 활용 가이드

커피 찌꺼기 말리기가 번거롭다면 전자레인지에 3~5분 돌리면 커피 향 가득하면서 잘 건조된 커피 찌꺼기를 얻을 수 있습니다.

### 커피 방향제

커피 찌꺼기보다 오래된 원두가 있다면 분쇄해서 종이컵이나 다시백를 활용하여 자동차에 넣어 두면 방향제로 사용할 수 있습니다.

### 커피 마사지, 바디스크럽

커피와 꿀을 1:1 비율로 섞어서 마사지하거나 커피와 코코넛오일을 1:3 비율로 섞으면 스크럽으로 사용할 수 있습니다. 노폐물과 셀룰라이트 제거에 효과가 있습니다.-

### 습기 제거

신발 속에 커피 가루를 넣어두면 습기와 냄새까지 제거할 수 있습니다.

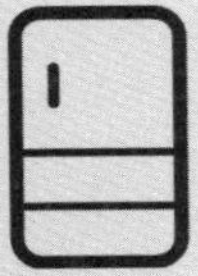

### 탈취제

냉장고, 신발, 옷장에 커피 가루를 탈취제로 사용해 보세요. 단 일주일마다 교체해야 합니다. 오래 두면 그동안 머금고 있던 불쾌한 냄새들을 다시 내뿜게 됩니다.

### 천연 비료

영양분이 가득한 커피 가루는 식물의 천연 비료와도 같습니다. 다만 욕심부려 많이 뿌려주면 커피의 산성 성분이 강해서 오히려 식물에 해를 줄 수 있으니 적당히 사용하세요.

### 기름때 제거

각종 찌개, 튀김 등 기름기가 많은 음식을 조리한 프라이팬이나 냄비를 씻을 때 커피 가루를 묻혀서 닦아주면 깨끗하게 씻어낼 수 있습니다.

## 참고문헌


아트커피연구회 교재

커피대전 (2013)/ 다구치 마모루

커피과학 (2017)/ 탄베 유키히로

스페셜티 커피 테이스팅 (2015)/ 호리구치 토시히데

커피 추출의 법칙 (2020)/ 다구치 마모루, 코이치 야마다

스페셜티 커피 감별법 (2016)/ Ted R. Lingle

Coffee (2008)/ 여동완, 현금호

Coffee Inside (2012)/ 유대준

당신이 알지 못했던 커피의 비밀 (2016)/ Serge Remy

커피에 대한 우리의 자세 (2019)/ 조던 마이켈먼, 재커리 칼슨

맛있는 커피를 집에서 내리는 책 (2020)/ 도미타 사나에

커피 브루잉 (2014)/ 도형수

에스프레소 바이블 (2014)/ 안재혁, 신창호

향의 과학 (2021)/ 히라야마 노리아키

맛이란 무엇인가(2013)/ 최낙언

과학으로 풀어본 커피 향의 비밀(2014)/ 최낙언

하루 커피 3잔 (2014)/ 안나카 치에

커피 한잔의 힘 (2009)/ 오타 기타로

커피와 건강에 관한 모든 것 (2021)/ 강희남

퇴근 후, 홈카페

초판1쇄 인쇄 2022년 05월 20일
초판1쇄 발행 2022년 06월 02일

지은이 박은숙
일러스트 김대영
펴낸이 최병윤
편　집 이우경
펴낸곳 리얼북스
출판등록 2013년 7월 24일 제2020-000041호
주소 서울시 서대문구 증가로30길 29-2
전화 02-334-4045 팩스 02-334-4046

종이 일문지업
인쇄 수이북스


ISBN 979-11-91553-33-8 10590
가격 14,500원

잘못 만들어진 책은 구입하신 서점에서 바꾸어 드립니다.
독자 여러분의 소중한 원고를 기다립니다(rbbooks@naver.com)